W0261423

Übungsaufgaben zur Analysis Ü 2

Von Prof. Dr. Horst Wenzel
und Dipl.-Math. Gottfried Heinrich

5., durchgesehene Auflage

Springer Fachmedien Wiesbaden GmbH

Das Lehrwerk wurde 1972 begründet und wird herausgegeben von:

Prof. Dr. Otfried Beyer, Prof. Dr. Horst Erfurth,
Prof. Dr. Christian Großmann, Prof. Dr. Horst Kadner,
Prof. Dr. Karl Manteuffel, Prof. Dr. Manfred Schneider,
Prof. Dr. Günter Zeidler

Verantwortlicher Herausgeber dieses Bandes:
Prof. Dr. Karl Manteuffel

Autoren:

Prof. Dr. rer. nat. habil. Horst Wenzel (Abschnitte 22.–26.)
Dipl.-Math. Gottfried Heinrich (Abschnitte 17.–21.)
Technische Universität Dresden

Gedruckt auf chlorfrei gebleichtem Papier.

Die Deutsche Bibliothek – CIP-Einheitsaufnahme

Übungsaufgaben zur Analysis : Ü 2 /
H. Wenzel ; G. Heinrich. [Verantw. Hrsg.: Karl Manteuffel]. –
Springer Fachmedien Wiesbaden
5., durchges. Aufl. – 1999
 (Mathematik für Ingenieure und Naturwissenschaftler)
 ISBN 978-3-519-00251-2   ISBN 978-3-663-05880-9 (eBook)
 DOI 10.1007/978-3-663-05880-9

Das Werk einschließlich aller seiner Teile ist urheberrechtlich geschützt. Jede Verwertung außerhalb der engen Grenzen des Urheberrechtsgesetzes ist ohne Zustimmung des Verlages unzulässig und strafbar. Das gilt besonders für Vervielfältigungen, Übersetzungen, Mikroverfilmungen und die Einspeicherung und Verarbeitung in elektronischen Systemen.

© 1999 Springer Fachmedien Wiesbaden

Ursprünglich erschienen bei B. G. Teubner Stuttgart · Leipzig 1999.

H. Wenzel / G. Heinrich

Übungsaufgaben zur Analysis Ü 2

Vorwort zur 5. Auflage

Diese bewährte Aufgabensammlung für Ingenieure und Naturwissenschaftler wird seit vielen Jahren sowohl im Direktstudium als auch im Fernstudium an Universitäten und Fachhochschulen verwendet. Neben innermathematischen Problemstellungen findet der Leser auch einfache naturwissenschaftliche, technische und ökonomische Sachverhalte.

Bei der Erarbeitung dieses Übungsbandes wurden die Erfahrungen aus den Mathematik-Lehrveranstaltungen an der Technischen Universität Dresden und an anderen Hochschulen genutzt.

Aufgaben mit etwas höherem Schwierigkeitsgrad oder umfangreicherem Rechenaufwand sind mit einem Stern gekennzeichnet.

Unser besonderer Dank gilt den Herren Dipl.-Math. Helmut Ebmeyer (Dresden, Mitarbeit bei den Abschnitten 17.–21.) und Dr.-Ing. Ralf Kuhrt (Berlin, Mitarbeit bei den Abschnitten 22.–26.).

Auch weiterhin sind wir für Hinweise und Vorschläge, die der Verbesserung der Aufgabensammlung dienen, stets dankbar.

Dresden, Mai 1999   H. Wenzel
                                                           G. Heinrich

Inhalt

17. Funktionen mehrerer unabhängiger Variabler, partielle Ableitungen und totales Differential

17.1. Gesucht sind alle Punkte $P(x; y; z)$ des R^3, für welche gilt:

a) $y = 14$,

b) $x^2 + y^2 + (z - 4)^2 = 0$,

c) $zx = 1$,

d) $z + y = 0$,

e) $(x + 5)^2 + z^2 = 8$,

f) $|x| + |y| + |z| \leq 1$,

g) $19 + \sqrt{(x - 6)^2 + y^2 - 81} \geq 0$,

h) $\max\{x^2, y^2, z^2\} \leq 4$.

(Geometrische Interpretation!)

17.2. Skizzieren Sie die folgenden Flächen! Überlegen Sie vorher, welche Kurven sich ergeben, wenn die Flächen mit Ebenen $x = \text{const}$, $y = \text{const}$, $z = \text{const}$ geschnitten werden.

a) $x^2 + z^2 = 9$,

b) $z^2 + 9x^2 + 4y^2 = 1$,

c) $y^2 = x^2 + z^2$,

d) $z^2 - 4x^2 + y^2 = 1$,

e) $z^2 = x^2 + y^2 + 1$,

f) $z = x^2 + 1 - y^2$.

17.3. Von der Funktion $z = f(x, y)$ sind die Niveaulinien zu bestimmen. Von der in der x,y-Ebene skizzierten zugehörigen „Karte der Fläche" schließe man auf die Gestalt der durch f bestimmten Fläche F im R^3.

a) $z = x - 6$,   b) $z = \sqrt{1 - y^2}$, $|y| \leq 1$,   c) $z = x^2 - y^2 + 4$,

d) $z = 10 - \sqrt{x^2 + y^2}$,   e) $z = x^2 + (y + 2)^2 - 4$,

f) $z = (x + 1)(y - 3)$,   g) $z = 3 - 4x^2 - 9y^2$.

17.4. Für die durch $z = f(x, y)$ gegebene Funktion zeichne man die Projektionen einiger Höhenlinien in die x,y-Ebene.

a) $z = \dfrac{xy}{x^2 + 1}$,   b) $z = \mathrm{e}^{\frac{x - y}{y}}$, $y \neq 0$,   c) $z = \dfrac{x^2 + y^2}{2y}$, $y \neq 0$,

d) $z = \dfrac{1}{x^2 + y^2}$,   e)* $z = \exp(-xy^2)$,   f)* $z = \dfrac{1}{x} + \dfrac{1}{y}$; ($xy \neq 0$ in d), f)).

17.5. Für die Funktion $z = f(x, y)$ ist der größtmögliche Definitionsbereich $D_f \subset R^2$ zu ermitteln. Man skizziere D_f und gebe jeweils den Wertevorrat W_f an. Welche der Mengen D_f, W_f sind beschränkt?

a) $z = x + y + \sin(xy)$,

b) $z = \sqrt{1 - y} + \mathrm{e}^{-x^2}$,

c) $z = \pi$,

d) $z = 3 + \sqrt{x^2 - y^2}$,

e) $z = (4 - x^2 - y^2)^{-\frac{1}{2}}$,

f) $z = \sqrt{y - x^2} + \sqrt{x^2 - y}$.

17.6. Skizzieren Sie den größtmöglichen Definitionsbereich von $z = f(x, y)$!

a) $z = \ln(x^2 - y^2)$,

b) $z = \sqrt{x^2 + 3y^2 - 9} + \dfrac{1}{xy}$,

c) $z = \dfrac{\ln(y - x)}{\sqrt{y} - \sqrt{x}}$,

d) $z = (2 - e^x)^{-\frac{1}{2}} \sqrt{x + 3 - |y|}$,

e) $z = \arcsin(5 - 2y + 2x)$,

f) $z = \dfrac{xy}{\sqrt{x^2 + y^2 - 2xy}}$.

17.7. Man bestimme $\lim\limits_{P \to (0,0)} f(x,y)$, wenn sich P längs

$\alpha)$ der x-Achse; $\quad\beta)$ der y-Achse; $\quad\gamma)$ der Geraden $y = tx$, $t = $ const,

bewegt. Läßt sich aus den erhaltenen Ergebnissen etwas über die Existenz von $\lim\limits_{(x,y) \to (0,0)} f(x,y)$ folgern?

a) $f(x,y) = \dfrac{\sin(xy)}{x^2 + y^2}$,

b) $f(x,y) = \dfrac{y^2 \sin 2x}{x^2 + 4}$,

c) $f(x,y) = \dfrac{y^2 - x^2}{x^2 + y^2}$,

d) $f(x,y) = \dfrac{2x + y^2}{4x - y}$.

17.8. Die folgenden Grenzwerte sind – falls sie existieren – zu berechnen.

a) $\lim\limits_{(x,y) \to (\pi,0)} e^{-xy} \cos x$,

b) $\lim\limits_{(x,y) \to (0,0)} \dfrac{\sin 8xy}{2xy}$,

c) $\lim\limits_{(x,y) \to (0,0)} \dfrac{x^2 y}{x^2 + y^2}$,

d) $\lim\limits_{(x,y) \to (3,3)} \dfrac{x - 3}{x - y}$,

e) $\lim\limits_{(x,y) \to (0,0)} \dfrac{1 - \cos(x^2 + y^2)}{(x^2 + y^2)^2}$,

f)* $\lim\limits_{(x,y) \to (2,-2)} \exp \dfrac{4(x + y) \ln(y^2 x)}{x^2 - y^2}$.

17.9. Welche der Funktionen $z = f(x,y)$ sind im Ursprung stetig?

a) $f(x,y) = \begin{cases} \dfrac{xy}{x^2 + y^2} & \text{für} \quad (x,y) \neq (0,0), \\ 0 & \text{für} \quad (x,y) = (0,0), \end{cases}$

b) $f(x,y) = \begin{cases} \dfrac{2xy(y^2 - x^2)}{x^2 + y^2} & \text{für} \quad (x,y) \neq (0,0), \\ 0 & \text{für} \quad (x,y) = (0,0), \end{cases}$

c)* $f(x,y) = \begin{cases} \dfrac{\sin^2(x - y)}{|x| + |y|} & \text{für} \quad |x| + |y| > 0, \\ 0 & \text{für} \quad |x| + |y| = 0, \end{cases}$

d) $f(x,y) = \begin{cases} \exp \dfrac{y}{x^2 + y^2} & \text{für} \quad x^2 + y^2 > 0, \\ e & \text{für} \quad x^2 + y^2 = 0. \end{cases}$

17.10.* Zeigen Sie, daß von der Funktion

$$f(x,y) = \begin{cases} \dfrac{xy^2}{x^2 + y^4} & \text{für} \quad x^2 + y^2 > 0, \\ 0 & \text{für} \quad x^2 + y^2 = 0 \end{cases}$$

die partiellen Ableitungen f_x, f_y im Nullpunkt existieren – aber $f(x,y)$ dort nicht stetig ist.

17.11. Alle partiellen Ableitungen erster Ordnung sind zu bestimmen.

a) $z(x,y) = x \tan y + \dfrac{1}{3} xy^3 - 6$,

b) $h(x_1, x_2) = \ln \dfrac{x_2}{x_1}$,

c) $g(x,y,z) = \ln xy + 2 \ln \dfrac{z}{\sqrt{zy}} - \ln zx$,

d) $w(x,z) = z^3 \cosh \dfrac{x}{z^2}$,

e) $u(s,t) = \dfrac{s}{2} e^{2t} + \arctan \dfrac{s+t}{1-st}$,

f) $\varrho(\varphi, \psi) = \dfrac{\varphi}{\psi} \cos(\varphi^2 - \psi^2)$.

17.12. Für die folgenden Funktionen sind die partiellen Ableitungen erster Ordnung allgemein und an der Stelle $(x_0; y_0)$ zu ermitteln:

a) $z = \sqrt{2x + 3xy + 4y}$, $(x_0; y_0) = (1; 1)$,

b) $z = \cos(e^{xy} + xy)$, $(x_0; y_0) = (0; 1)$,

c) $z = x^{2y}$, $(x_0; y_0) = (2; 1)$,

d) $z = \ln(2 - e^{x-y})$, $(x_0; y_0) = (0; 0)$,

e) $z = \ln \dfrac{x^2 - y^2}{\sqrt{x^2 + y^2}}$, $(x_0; y_0) = (4; 3)$.

17.13. Die Funktion $g(t,x) = (1 - 2tx + t^2)^{-\frac{1}{2}}$ genügt der Beziehung $\dfrac{\partial g}{\partial t} = h(t,x) g(t,x)$. Geben Sie $h(t,x)$ an!

17.14. a) Von der Funktion $z = f(x,y) = \arctan \dfrac{y+3}{x-1}$ ist der größtmögliche Definitionsbereich im R^2 anzugeben.

b) Welche Werte ergeben sich für $\lim\limits_{(x,y) \to (1, y_0)} f(x,y)$, wenn $y_0 \in R^1$ ist?

c) Man gebe einige Höhenlinien an.

d) Nach der Berechnung aller partieller Ableitungen bis zur 2. Ordnung ist der Ausdruck $\Delta z = z_{xx} + z_{yy}$ zu bilden.

17.15. Von der Funktion $z = f(x,y)$ sind alle partiellen Ableitungen erster und zweiter Ordnung zu bilden.

a) $z = \sin(ax + by)$,

b) $z = \dfrac{x}{x^2 + y^2}$,

c) $z = x e^{\frac{y}{x}}$,

d) $z = \ln(x^2 + y)$,

e) $z = xy \arcsin x$,

f) $z = x + y - |x - y|$,

g) $z = y \ln \dfrac{x}{y} - \tan y + \dfrac{x - 3y}{x - 1}$,

h) $z = y^x + x^y$.

17.16. Ist die Funktion $z = x \cdot \exp\left(-\dfrac{y}{x}\right)$ Lösung der Differentialgleichung

$xz_{xy} + 2(z_x + z_y) = yz_{yy}$?

17.17. Man bestimme $\alpha \in R^1$ in $w = (x^2 + y^2 + z^2)^{\alpha}$, $(x; y; z) \neq (0; 0; 0)$, so, daß w der Gleichung $w_{xx} + w_{yy} + w_{zz} = 0$ genügt.

17.18. Berechnen Sie das vollständige Differential von

a) $z = \dfrac{x}{x+y}$, b) $z = \sqrt{x^2 + y^2 + 5}$,

c) $z = \ln\left(y + \sqrt{x^2 + y^2}\right)$, d) $z = \sqrt{x - y} + \ln\sqrt{xy}$,

e) $z = y\sin(x+y) - \dfrac{x}{\sqrt{x^2 - 2}}$, f) $z = \ln\tan\dfrac{x}{y}$.

17.19. Für die Funktion $z = 4\ln\dfrac{y}{x^2}$ vergleiche man im Punkt $P\left(\dfrac{1}{2}; 2\right)$ die Differenz der Funktionswerte Δz mit dem Wert des vollständigen Differentials dz und berechne $|\Delta z - dz|$, falls

$\alpha)$ $dx = dy = 0{,}5$; $\beta)$ $dx = -0{,}1$, $dy = 0{,}3$; $\gamma)$ $dx = 0{,}02$, $dy = 0{,}16$

gilt. Die Ergebnisse sind zu interpretieren.

17.20. Man untersuche, ob die folgenden Ausdrücke vollständige Differentiale sind und bestimme gegebenenfalls eine zugehörige Funktion $z = \Phi(x,y)$.

a) $(2x + 2xy^4)\,dx + (4y^3 x^2 + 3y^2)\,dy$,

b) $x\sin y\,dx + x^2\cos y\,dy$,

c) $(2e^{3y} - 4\cos^3 x\sin x)\,dx + (6x + y)\,e^{3y}\,dy$,

d) $\dfrac{2y}{(x+y)^2}\,dx - \dfrac{2x}{(x+y)^2}\,dy$,

e) $\sqrt{x}\,e^{\sin xy}\left(\dfrac{1}{2x} + y\cos xy\right)dx + x\sqrt{x}\,[\cos xy]\,e^{\sin xy}\,dy$.

17.21. Für welche reellen Werte von α ist der Ausdruck

$$\alpha x e^{-xy}\,dy + \left(\frac{1}{1 - x^4} - y e^{\alpha xy}\right)dx$$

vollständiges Differential einer Funktion $z = f(x,y)$?
  Geben Sie in diesem Fall $z = f(x,y)$ an.

17.22. Berechnen Sie das Differential $d^2 z$ für

a) $z(x,y) = xy$, b) $z(s,t) = \sin(s + t)$,

c) $w(u,v) = e^{uv}$, d) $z(x,y) = x^2\ln\sqrt{y} + x\sin^2 y$.

17.23. Bestimmen Sie die Gleichung der Tangentialebene an die durch $z = f(x,y)$ gegebene Fläche im Punkt $P_0(x_0; y_0; z_0)$.

a) $z = x^2 + y^2$,

b) $z = x^2 + 4xy - 2y^2$ mit $P_0(2; 1; z_0)$,

c) $z = \dfrac{1}{2}\sqrt{4 - (x^2 + y^2)}$ mit $P_0(1; \sqrt{2}; z_0)$.

17.24. Wie lautet die Gleichung der Tangentialebene in einem beliebigen Punkt der durch $z = f(x,y) = x^2 + y$ gegebenen Fläche F? Man bestimme alle Punkte von F, für die die zugehörige Tangentialebene parallel zur x-Achse liegt, und skizziere F.

17.25. Für $0 < a = $ const ist durch $z = f(x,y) = \left(a - \sqrt{x} - \sqrt{y}\right)^2$ mit $D_f = \{(x;y) \mid x \geqq 0 \wedge y \geqq 0\}$ eine Fläche F gegeben. Man bestimme alle Punkte von F, für welche die Tangentialebene τ existiert, gebe deren Gleichung an und zeige, daß die Summe der Achsenabschnitte von τ mit den Koordinatenachsen gleich a^2 ist.

17.26. An einem geraden Kreiskegel ergaben sich aus einer Messung die Werte $r = 30$ cm für den Grundkreisradius und $h = 40$ cm für die Höhe. Wie groß sind absoluter und relativer Fehler der Mantelfläche höchstens, wenn $|\Delta r| = |\Delta h| \leqq 0,1$ cm angenommen werden kann?

17.27. Man bestimme den relativen Fehler des Volumens eines geraden Kreiskegels, falls dessen Radius einen relativen Fehler von 2 % und die Höhe einen relativen Fehler von 3 % aufweisen.

17.28. Welcher relative Fehler ist bei der Berechnung von R gemäß $R = c \cdot \dfrac{l}{r^2}$, $c = $ const, zu erwarten, wenn $l = 100$ m, $r = 10^{-3}$ m gemessen wurden und $|\Delta l| \leqq 5$ cm, $|\Delta r| \leqq 10^{-1}$ mm gilt?

17.29. Zwei Widerstände sind parallelgeschaltet. Für den Ersatzwiderstand gilt $R = \dfrac{R_1 \cdot R_2}{R_1 + R_2}$. Man berechne den größtmöglichen absoluten und relativen Fehler des Ersatzwiderstandes, wenn $R_1 = (450 \pm 2)\,\Omega$ und $R_2 = (150 \pm 1)\,\Omega$ gemessen wurde!

17.30. Zur Bestimmung der Brennweite f eines Kugelspiegels wurden Gegenstandsweite $a = (12 \pm 0,1)$ cm und Bildweite $b = (5 \pm 0,05)$ cm gemessen. Welcher absolute und welcher relative Fehler ergibt sich für die gemäß $\dfrac{1}{f} = \dfrac{1}{a} + \dfrac{1}{b}$ berechnete Brennweite?

17.31. Das Volumen einer Kugel soll mit einer Genauigkeit von 0,1 % bestimmt werden. Wie groß darf dabei der relative Fehler des Radius r höchstens sein, wenn für $\pi = 3,141\,59$ einmal der Näherungswert 3,14 und zum anderen 3,142 verwendet wird?

17.32. Mit welchem absoluten und relativen Fehler muß man bei der Ermittlung des Volumens eines geraden Kegelstumpfes rechnen, wenn der Grundkreisradius $r_1 = 5$ cm, der Deckkreisradius $r_2 = 4$ cm und die Höhe $h = 6$ cm gemessen und alle Größen mit einem absoluten Fehler von höchstens 0,1 cm abgelesen wurden?

17.33. Von einem Dreieck ist die Basis $c = 1\,400$ m genau bestimmt worden. Die beiden anliegenden Winkel α und β betragen etwa 51° und 48°. Mit welcher Genauigkeit kann man die Länge der Seite a angeben, wenn α und β einen absoluten Fehler von 0,5° aufweisen?

17.34. Bei der Vermessung eines ebenen dreieckigen Geländes erhielt man $a = (84,3 \pm 0,1)$ m und $b = (73,2 \pm 0,2)$ m für zwei Seiten und 48,6° $\pm$ 0,2° für den Winkel zwischen a und b. Gesucht ist die Länge der dritten Seite c. Welcher prozentuale Fehler tritt auf?

17.35.* Von einem gleichschenkligen Dreieck wurden die Basis und der gegenüberliegende Winkel α mit einem Fehler von 1 % bzw. 0,5° gemessen. Welcher relative Fehler ergibt sich für den Flächeninhalt des Umkreises des Dreiecks? Wann ist dieser Fehler minimal?

17.36. Für die mittelbare Funktion $z = f(x,y)$ mit $x = x(t)$, $y = y(t)$ ist $\dot{z} = \dfrac{dz}{dt}$ zu berechnen.

a) $z = 3x^2 + 2xy + y^2$ mit $x = \sin t, y = \cos t$,

b) $z = \ln[(x+y)xy]$, $x = t^2 - 1, y = t^2 + 1$ $\quad (|t| > 1)$,

c) $z = xe^{\frac{y}{x}}$, $x = \dfrac{1}{t}, y(t) = \ln t$ $\quad (t > 1)$.

17.37. Von der mittelbaren Funktion $z = f(x,y)$ mit $x = x(t), y = y(t)$ ist $\dot{z}(t)$ zu ermitteln ($z_x, z_y, \dot{x}(t), \dot{y}(t)$ sollen existieren und stetig sein).

a) $z = \sqrt{\dfrac{x+y}{x-y}}$, $\qquad$ b) $z = \tan(xy)$, $\qquad$ c) $z = x^y$.

17.38. Von $z = f(x,y)$ sollen alle partiellen Ableitungen bis zur zweiten Ordnung stetig existieren, $y = g(x)$ sei zweimal differenzierbar.

a) Man bilde $F'(x)$ und $F''(x)$ von $F(x) = f[x, g(x)]$.

b) Was ergibt sich speziell für $z = \ln(x+y)$ und $g(x) = \sin x$ im Punkt $P\left(\dfrac{\pi}{2}; 1\right)$?

17.39. Von $F(u, v) = f[x(u, v), y(u, v)]$ mit $x = \dfrac{v}{u}, y = uv$ bilde man den Ausdruck

$T := u^2 F_{uu} - v^2 F_{vv} + uF_u - vF_v, u \neq 0$.

(Die benötigten partiellen Ableitungen sollen stetig existieren.)

17.40. Von $z = f(x, y)$ ist die Ableitung im Punkt $P(x_0; y_0)$ in der vorgegebenen Richtung zu bestimmen. (Der orientierte Winkel zwischen der Richtung und der positiven x-Achse sei α mit $-\pi < \alpha \leq \pi$.)

a) $z = x^2 y^3, P(1; -2), \alpha_1 = -\dfrac{\pi}{3}, \alpha_2 = \dfrac{\pi}{6}$, $\qquad$ b) $z = \sqrt{x^2 + y^2}, P(3; 4), \alpha = \dfrac{\pi}{4}$,

c) $z = \dfrac{8}{x^2 + y^2}$, $P(\sqrt{3}; 1)$, $\alpha_1 = \dfrac{5}{6}\pi$, $\alpha_2 = -\dfrac{\pi}{3}$.

17.41. Man bestimme die Richtung α (siehe auch Aufgabe 17.40.), in welcher die durch $z = f(x,y)$ gegebene Fläche im Punkt $P(x_0; y_0)$ am stärksten ansteigt. Wie groß ist der Anstieg $\tan\varphi$ der Fläche in dieser Richtung?

a) $z = x^3 - x^2 y + 2(x - y), P(0; 0)$,

b) $z = 2x^2 - 3xy + y^2 + (1 + \sqrt{3})y - \sqrt{3}$, $\quad P(1; 1)$,

c) $z = (\sqrt{3} - 1)x^2 + y^2 - 2x + 2y + 3\sqrt{3}$, $\quad P(-1; 0)$,

d) $z = 2x^2 - xy^2 + 15\ln(y^2 + 1) - 6\sqrt{y}\cos(2x - 3)$, $\quad P\left(\dfrac{3}{2}; 3\right)$.

17.42. Für die durch $z = c(x^2 + y^3), c > 0$, bestimmte Fläche ist die Konstante c so zu bestimmen, daß der steilste Anstieg der Fläche im Punkt $P(1; 2)$ unter dem Anstiegswinkel $\varphi = \dfrac{\pi}{4}$ erfolgt.

17.43. Berechnen Sie $\Delta z = z_{xx} + z_{yy}$ für

a) $z = g(x + y)$,   b) $z = g(xy)$,   c) $z = g\left(\dfrac{x}{y}\right)$,

d) $z = g\left(\sqrt{x^2 + y^2}\right)$, dabei sei g zweimal differenzierbar.

17.44. Man weise nach, daß für eine differenzierbare Funktion g gilt:

a) $z = yg(x^2 - y^2)$ erfüllt die Gleichung $yz_x + xz_y = zxy^{-1}$,

b) $z = xy + xg\left(\dfrac{y}{x}\right)$ ist eine Lösung von $xz_x + yz_y = z + xy$,

c)* $z = xg\left(\dfrac{z(x,y)}{y}\right)$ genügt der Beziehung $xz_x + yz_y = z$.

17.45. Durch die Substitution $x = uv$, $y = \dfrac{1}{2}(u^2 - v^2)$ geht $z = f(x,y)$ in eine Funktion $z = \varphi(u,v)$ über. Man berechne $z_x^2 + z_y^2$ in Abhängigkeit von u und v.

17.46.* Der Laplacesche Differentialoperator $\Delta U = U_{xx} + U_{yy}$ ist in Polarkoordinaten r, φ darzustellen ($U = U(x,y)$, $x = r\cos\varphi$, $y = r\sin\varphi$).

17.47.* Man zeige, daß die Funktion

$$u(r, t) = \frac{1}{r}\left[g(r + t) + h(r - t)\right]$$

der Gleichung $u_{xx} + u_{yy} + u_{zz} = u_{tt}$ genügt, wenn die benötigten Ableitungen von g und h existieren $\left(r = \sqrt{x^2 + y^2 + z^2}\right)$.

17.48.* Es seien $x = x(t)$, $y = y(t)$, $z = z(t)$ die kartesischen Koordinaten eines Moleküls zur Zeit t mit der kinetischen Energie $T = \dfrac{m}{2}(\dot{x}^2 + \dot{y}^2 + \dot{z}^2)$. Geben Sie T in Kugelkoordinaten $x = r\sin\vartheta\cos\varphi$, $y = r\sin\vartheta\sin\varphi$, $z = r\cos\vartheta$ an ($r = r(t)$, $\vartheta = \vartheta(t)$, $\varphi = \varphi(t)$).

18. Implizite Funktionen, der Satz von Taylor und Extremwertaufgaben

18.1. Gegeben ist die Gleichung

$$F(x,y) \equiv x^3 + y^3 + xy = 0. \tag{*}$$

a) Welche der Punkte $P_1(0;0)$, $P_2\left(-\dfrac{1}{3}\sqrt[3]{2}\,;\,-\dfrac{1}{3}\sqrt[3]{4}\right)$, $P_3\left(-\dfrac{1}{2}\,;\,-\dfrac{1}{2}\right)$,

$P_4\left(-\dfrac{1}{\sqrt[3]{18}}\,;\,-\dfrac{1}{4\sqrt[3]{2}}\right)$ genügen der Gleichung (*)?

b) Für die in a) ermittelten Punkte untersuche man, ob in einer gewissen Umgebung solch eines Punktes (*) eindeutig nach x bzw. nach y auflösbar ist und gebe in diesem Fall die 1. Ableitung der so entstehenden Funktionen in diesen Punkten an.

18.2. Für die Funktion $y = f(x)$, die durch $F(x,y) = 0$ in impliziter Form gegeben ist, berechne man $y'(x)$. Welchen Wert hat $y'(x)$ speziell in $P_0(x_0;y_0)$?

a) $F(x,y) = x\cot y + y\,\text{arccot}\,x - \dfrac{\pi^2}{4}, \quad P_0\left(0;\dfrac{\pi}{2}\right)$,

b) $F(x,y) = e^{\sqrt{x}}\tan y + \dfrac{y}{x} - 3(x^2 - 1) - \pi, \quad P_0(1;\pi)$,

c) $F(x,y) = \sin(xy) - e^{xy} - x^2 y - 1 + \dfrac{\pi}{2} + e^{\frac{\pi}{2}} = 0, \quad P_0\left(1;\dfrac{\pi}{2}\right)$,

d) $F(x,y) = 2\ln\dfrac{x}{\sqrt{2x - 1}} + y\tan(2y - x) - \ln\dfrac{4}{3}, \quad P_0(2;1)$,

e) $F(x,y) = \arctan\dfrac{x - y}{1 + xy} - \dfrac{\pi}{4} + \ln x^y, \quad P_0(1;0)$.

18.3. Durch die Gleichung $y\,e^{y-x} - 1 = 0$ ist in einer Umgebung von $x = 1$ eine Funktion $y = f(x)$ mit $f(1) = 1$ bestimmt. Berechnen Sie die 1. und 2. Ableitung von f und bestimmen Sie die Konstante c so, daß $y'(1) = cy''(1)$ erfüllt ist.

18.4. Man ermittle die Gleichung der Tangente an die Kurve

a) $2x^3 - x^2 y^2 - 3x + y + 7 = 0$ im Punkt $P_1(1;-2)$,

b) $1 + y + xy - e^{\frac{x}{2}} \cdot \cos^2 y = 0$ im Punkt $P_1(x_1;y_1)$, wenn dieser auf der Kurve liegt.
Was ergibt sich für $P(0;0)$?

18.5.* Für die durch $y\,e^{y^2} + x^3 - 3x + 2 = 0$ implizit gegebene Funktion $y = f(x)$ berechne man die ersten beiden Ableitungen. An welchen Stellen $x > 0$ hat f relative Extremwerte? Welcher Art sind diese Extremwerte?

18.6. a) Es ist nachzuweisen, daß für eine durch $F(x,y) = 0$ implizit gegebene Funktion $y = y(x)$ gilt:

$$y''(x) = \frac{1}{F_y^3} \begin{vmatrix} 0 & F_x & F_y \\ F_x & F_{xx} & F_{xy} \\ F_y & F_{xy} & F_{yy} \end{vmatrix}, \quad (F_y \neq 0).$$

b) Im Punkt $P\left(x_0; \dfrac{\pi}{2}\right)$ ist die zweite Ableitung der durch $x - y + 2\sin y = 0$ implizit gegebenen Funktion $y = y(x)$ zu bestimmen.

18.7. Durch $F(x, y, z) = 0$ ist eine Funktion $z = f(x, y)$ in impliziter Form gegeben. Welchen Wert haben die partiellen Ableitungen 1. Ordnung von $z = f(x, y)$ im Punkt $P_0(x_0; y_0; z_0)$?

a) $F(x, y, z) = x^2 + y^2 + z^2 - 2xz - 25 = 0$, $\quad P_0(4; 3; 0)$,

b) $F(x, y, z) = z + x\ln z + y = 0$, $\quad P_0(5; -1; 1)$,

c) $F(x, y, z) = y^2 - 2^{-z}(x - z) = 0$, $\quad P_0(7; 4; -1)$.

18.8. Mit Hilfe der Taylorentwicklung ordne man das Polynom $P(x, y) = 3x^4 y - 4y^2 + 2x$ nach Potenzen von $(x + 1)$ und $(y - 3)$. Welche Gleichung ergibt sich für die Tangentialebene an die durch P gegebene Fläche in $A(-1; 3; -29)$?

18.9. Mit Hilfe der Taylorschen Formel approximiere man die durch $z = f(x, y)$ gegebene Fläche an der Stelle $P(x_0, y_0)$ durch eine Fläche 2. Ordnung

a) $z = y\ln(y - 3x)$, $\quad P(0; 1)$,

b) $z = x\ln(2x - y)$, $\quad P(1; 1)$,

c) $z = \ln(x^2 + y)$, $\quad P(0; 1)$,

d) $z = \arctan\dfrac{y}{x}$, $\quad P(1; 1)$,

e) $z = \dfrac{x - 3y^2}{x - 1} + x\tan y$, $\quad P(2; 0)$,

f) $z = \cos x \cos y$, $\quad P(0; 0)$.

18.10.* Man entwickle $z = (x - y)e^{x+y}$ in einer Umgebung des Nullpunktes nach der Taylorformel; dabei soll das Restglied die partiellen Ableitungen 3. Ordnung enthalten. Im Punkt $P(0,1; 0,2)$ bestimme man die quadratische Näherung für $z(P)$ und deren Genauigkeit.

18.11. a) Man bestimme Lage und Art der relativen Extremwerte für die Funktion $z = (x^3 + 3x^2 + 1)\cosh y$.

b) Für die Extremwertstellen gebe man die Taylorentwicklung von $z(x, y)$ bis zu den quadratischen Gliedern an.

18.12. Gegeben ist die Fläche mit der Gleichung

$$z = 89x^2 - 96xy + 61y^2 - 260x + 70y + C.$$

Wie muß die Konstante C gewählt werden, damit diese Fläche die x, y-Ebene berührt?

18.13. Man bestimme Lage und Art der relativen Extremwerte der Funktion $z = f(x, y)$ und gebe die zugehörigen Funktionswerte an.

a) $z = \dfrac{1}{2}(x^2 + 1) - 2y(2x + 7) + 3x + 9y^2$,

b) $z = x^2 + y^2 + xy + x + 5y$,

c) $z = 2xy(x + y - 6)$,

d) $z = x^2(2 - y) - y^3 + 3y^2 + 9y$,

e) $z = e^{-x^2}(4y + x^2 - y^2)$,

f) $z = (x^3 - 3x)(y + 3) + y(y + 6)$.

18.14. Untersuchen Sie die Funktion $z = f(x, y)$ auf relative Extrema!

a) $z = (x^2 - 4)^2 + 1\,001 + (4 + x^2)y^2$,   b) $z = 3axy - x^3 - y^3$, $a > 0$,

c) $z = x^2y - 2xy + \dfrac{3}{4}e^y$,   d) $z = x^4 + y^4 - 4a^2xy + 8a^4$, $a \neq 0$,

e) $z = x^3y - 3xy + y^2 + 1$,   f) $z = 2(y - 3)^2 - 5(x + 2)^3$,

g) $z = e^{-(x^2 + y^2)}(x^2 + 2y^2)$.

18.15.* Für die Funktion $z = (x^3 - 3x)\cos y$ bestimme man Lage und Art der Extremwerte.

18.16.* Die Funktion $z = f(x, y) = x^2 + \dfrac{1}{2}y^2 + \dfrac{1}{2}(y - x) - \dfrac{3}{2}$ sei auf $B = \{(x, y)\,|\,|x| \leq 1 \wedge |y| \leq 1\}$ erklärt. Man bestimme Lage und Größe der absoluten Extrema von f und $|f|$.

18.17. Für welchen Punkt $P(x, y)$ ist die Summe der Quadrate der Entfernungen von den Punkten $P_i(x_i; y_i)$, $i = 1, \ldots, n$, möglichst klein?

18.18.* Durch $z = f(x, y; c) = \dfrac{x\sqrt{1 - c^2}}{x^2 + 1 - c^2}\,e^{-(y - c)^2}$ ist eine Flächenschar mit dem Parameter $c, |c| < 1$, gegeben.

a) Art und Lage der Extremwerte von $f(x, y; c)$ sind bei festem Wert von c zu bestimmen.
b) Welche Kurve der Gestalt $g(x, y) = 0$ ergibt sich für die Extremstellen der ganzen Schar?

18.19. Nach der Multiplikatorenregel von Lagrange bestimme man alle Punkte, die als Extremstellen für die gegebene Funktion unter den jeweiligen Nebenbedingungen in Frage kommen.

a) $z = x^2 + y^2$ mit $5x^2 + 5y^2 - 8xy - 18 = 0$,
b) $z = x^2 + y^2$ mit $x^3 + y^3 + 1 = 0$,
c) $u = x + y + z$ mit $x + z = 1$ und $x^2 + y^2 = 4$,
d) $u = xyz$ mit $x^2 + y^2 + z^2 = 3$,
e) $z = 3x^2y$ mit $4x^2 + 9y^2 = 36$.

18.20. Bestimmen Sie die relativen Extremwerte von

a) $z = x^2 - 2x + y^2 - 3$ unter der Bedingung $3y + 2x = 15$,
b) $z = x^2 + y^2$, falls $(x - 2)^2 + y^2 - 9 = 0$ gelten soll,
c) $z = 2x^2 + y^2$ unter der Nebenbedingung $x - y^2 + 1 = 0$.
Die Art der Extrema ist mit Hilfe der Karte der Fläche zu bestimmen.

18.21. Warum ist $P(1; 2)$ von der Fläche $z = x^2 + y^2 - 10x - 8y + 4xy + 10$ ein Sattelpunkt? Man bestimme m so, daß die Schnittkurve dieser Fläche mit der Ebene $y = 2 + m(x - 1)$ in P ein Maximum bzw. ein Minimum hat.

18.22. $x^2 + 2\sqrt{3}\,xy - y^2 - 8 = 0$ ist die Gleichung einer Hyperbel, deren Mittelpunkt im Nullpunkt liegt. Gesucht sind diejenigen Hyperbelpunkte, die vom Mittelpunkt die kleinste Entfernung haben.

18.23. Welche Punkte der durch die Gleichung $x^2 + y^2 + xy = 1$ gegebenen Ellipse haben vom Koordinatenursprung extremalen Abstand? Mit Hilfe des Ergebnisses skizziere man die Ellipse.

18.24. Welche von den Ellipsen $\dfrac{x^2}{a^2} + \dfrac{y^2}{b^2} = 1$, $(a, b > 0)$, die durch den festen Punkt $P(u, v)$, $(u, v > 0)$ gehen, hat den kleinsten Inhalt, und wie groß ist dieser?

18.25. Gesucht sind der höchste und der tiefste Punkt der Schnittkurve, die entsteht, wenn das elliptische Paraboloid $z = x^2 + 4y^2$ von der Ebene $4x - 8y - z + 24 = 0$ geschnitten wird.

18.26. Man bestimme die Extremwerte der Funktion $f(x, y, z) = \dfrac{1}{x} + \dfrac{4}{y} + \dfrac{9}{z}$, $(x, y, z > 0)$ für alle Punkte, die auf der Ebene $x + y + z = 12$ liegen.

18.27. Man bestimme den kürzesten Abstand des Punktes $P_0\left(2; 2\sqrt{7}; \dfrac{1}{2}\right)$ vom Rotationsparaboloid $z = x^2 + y^2$.

18.28. Wie groß ist der kürzeste Abstand der Fläche $4x^2 + y^4 + 16z = 0$ von der Ebene $2x + 4z + y = 12$?

18.29. Ein quaderförmiger, geschlossener Behälter soll bei gegebenem Volumen V mit möglichst geringem Materialaufwand hergestellt werden. Wie sind seine Kantenlängen zu wählen?

18.30. Welche Kantenlängen hat der achsenparallele Quader mit größtem Volumen, der dem Ellipsoid $\dfrac{x^2}{a^2} + \dfrac{y^2}{b^2} + \dfrac{z^2}{c^2} = 1$ einbeschrieben werden kann?

18.31. Eine Strecke der Länge a soll mit ihren Endpunkten C und D so auf die Schenkel eines Winkels α mit dem Scheitel B gelegt werden, daß der Inhalt A des Dreiecks BCD maximal wird. Wie groß ist $A_{\max}$?

18.32. Auf einem Kreiszylinder (Radius r, Höhe h) werde eine Halbkugel (Radius r, Mittelpunkt auf der Zylinderachse) aufgesetzt. Für welche Werte von r und h wird die Oberfläche O des Gesamtkörpers bei gegebenem Volumen V minimal?

18.33. Von allen gleichschenkligen Dreiecken, deren Spitzen im Punkt $P_1(1; 0)$ liegen und deren Basisecken auf dem Kreis $x^2 + y^2 = 1$ liegen, ist dasjenige mit größtem Inhalt gesucht. Welche Koordinaten haben die Basisecken? Man benutze die Lagrangesche Multiplikatorenregel!

18.34. Für eine feste natürliche Zahl $n \geq 3$ soll M_n die Menge aller n-Ecke sein, die einem gegebenen Kreis mit Mittelpunkt $(0; 0)$ und Radius r einbeschrieben werden können und die den Punkt $(r; 0)$ stets als Eckpunkt haben. Gibt es in M_n Elemente mit größtem Flächeninhalt?

18.35.* Von der Funktion $z = \sum_{k=1}^{n} x_k^2$ ist das Minimum unter der Nebenbedingung

$\sum_{k=1}^{n} a_k x_k = 1$, ($a_k$ Konstanten) zu berechnen. Man weise nach, daß an der ermittelten Stelle $(\tilde{x}_1, \tilde{x}_2, \ldots, \tilde{x}_n)$ tatsächlich ein Minimum vorliegt.

18.36. Mit Hilfe der Methode der kleinsten Quadrate bestimme man für die folgenden Wertepaare $P(x_i; y_i)$ eines Meßvorganges die Ausgleichskurve $y = f(x)$ der angegebenen Art.

a) $P_1(0; 1)$, $P_2(1; 4)$, $P_3(2; 7)$, $P_4(3; 8)$, $P_5(4; 10)$; $y = ax + b$,

b) $P_1(0; 15)$, $P_2(1; 5)$, $P_3(2; 1)$, $P_4(3; 1)$, $P_5(4; 3)$; $y = a_0 + a_1 x + a_2 x^2$,

c) $P_1(1; 12)$, $P_2(2; 14)$, $P_3(3; 18)$, $P_4(4; 16)$; $y = a + \dfrac{b}{x}$,

d) $P_1(-1; -6)$, $P_2(0; 0)$, $P_3(1; 0{,}7)$, $P_4(2; 2)$, $P_5(3; 10)$; $y_1 = ax + b$, $y_2 = \sum_{i=0}^{3} a_i x^i$.

18.37. Ein zeitabhängiger Vorgang werde durch $g(t) = A\,e^{-Bt}$ beschrieben ($A > 0$). Zur Bestimmung von A und B stehen die Daten

t_i	20	40	60	80
g_i	2,70	1,50	0,80	0,43

zur Verfügung. Durch welche Transformation $y = y(g)$, $x = x(t)$ wird die Gleichung für $g(t)$ in eine Geradengleichung $y = ax + b$ überführt? Man ermittle nach der Fehlerquadratmethode a und b und gebe $g(t)$ an.

18.38. Nähern Sie die Kurve $y = \ln x$, $x > 0$, durch eine Hyperbel $y = \dfrac{a}{x} + b$ so an, daß die Summe der Fehlerquadrate für die Stellen $x_1 = \dfrac{1}{2}$, $x_2 = \dfrac{1}{4}$, $x_3 = \dfrac{1}{8}$ minimal wird. Wie groß ist die Fehlerquadratsumme für die Lösung?

18.39. Von einem Gas wurden der Druck p und das Volumen V gemessen; man erhielt als Maßzahlen:

V	54,3	61,8	72,4	88,7	118,6	194,0
p	61,2	49,5	37,6	28,4	19,2	10,1

Bestimmen Sie die Konstanten $\varkappa$ und C für die adiabatische Zustandsänderung $pV^\varkappa = C$ mit Hilfe der Methode der kleinsten Quadrate (Aufg. 18.37. beachten).

18.40. Für die Funktion $y = ax + b$ ermittle man diejenigen Werte von a und b, für welche $J(a, b) = \int_{x=0}^{1} [g(x) - y]^2 \, dx$ minimal wird.

a) $g(x) = e^x$,   b) $g(x) = \sqrt{x^3}$.

18.41. Für welche Gerade mit der Gleichung $y = \alpha x + \beta$ wird

$$F(\alpha, \beta) := \int_{x=0}^{100} (\sqrt{x} - y)^2 \, dx$$

minimal?

18.42.* Wie sind a und b zu wählen, damit $\displaystyle\int_{-\pi/2}^{\pi/2} [\sin x - ax - bx^3]^2 \, dx$ minimal wird?

18.43.* Die Ellipse $\dfrac{x^2}{a^2} + \dfrac{y^2}{b^2} = 1$ mit $0 < b < a$ soll in den durch $x = a\varepsilon + r\cos\varphi$, $y = r\sin\varphi$ $\left(r \geqq 0, 0 \leqq \varphi < 2\pi;\ \varepsilon a = \sqrt{a^2 - b^2}\right)$ gegebenen krummlinigen Koordinaten (r, φ) dargestellt werden. (Welcher bekannte Sachverhalt ergibt sich für $a \to b + 0$?)

18.44. Für die durch die angegebenen Abbildungen eingeführten krummlinigen Koordinaten bestimme man die Koordinatenflächen und die Koordinatenlinien und gebe eine geometrische Interpretation.

a) $x = ar\cos\varphi$, $\quad y = br\sin\varphi$, $\quad z = z(a, b > 0 \,\text{konstant})$ $\quad$ für $\quad r \geqq 0, \varphi \in [0, 2\pi)$, $\quad z \in R^1$,

b) $x = r\cos\varphi\sin\vartheta$, $\quad y = r\sin\varphi\sin\vartheta$, $\quad z = r\cos\vartheta$ $\quad$ für $\quad r \geqq 0$, $\quad \vartheta \in [0, \pi]$, $\quad \varphi \in [0, 2\pi)$.

18.45. Für die angegebenen Abbildungen berechne man die Jacobische Determinante D.

a) $x = au\cos v, y = bu\sin v$ $(u \geqq 0, 0 \leqq v < 2\pi;\ a, b = \text{const})$,

b) $x = uv, y = \dfrac{1}{2}(u^2 - v^2), z = z$ $\quad (u, v, z \in R^1)$,

c) $x = u\cosh v, y = 2 + \sinh v, z = 1 - v + e^u \tan w$,
$\left(u \in R^1, v \in R^1, |w| < \dfrac{\pi}{2}\right)$,

d) $x = u^2\sin v, y = 5 - 2u\cos v, z = e^{u^2 - 1} + \tan w^2$,
$\left(u, v \in R^1, |w| < \sqrt{\dfrac{\pi}{2}}\right).$

19. Skalare Felder und Vektorfelder

19.1. Das Skalarfeld $U = xyz(x^2 + y^2 - z^2)$ ist im R^3 erklärt.

a) Für welche Punkte gilt grad $U = o$?
b) Wo ist grad U parallel zur x,y-Ebene?

19.2. Für das Vektorfeld $v = \dfrac{yz}{x}\,e_1 + \dfrac{xz}{y}\,e_2 + \dfrac{xy}{z}\,e_3$, $(x,y,z > 0)$ berechne man

a) div v, b) rot v, c) grad div v,
d) div rot v, e) rot rot v, f) div grad div v.

19.3. Man berechne folgende Feldfunktionen:

a) grad U für $U = (x^2 - y^2)z + e^{xyz}$, b) div v für $v = x^2y^2z^2(e_1 + e_2 + e_3)$,

c) rot v für $v = \arctan(xy)\,[e_1 + xe_2] - e_3$, d) rot rot v für $v = (xz;\, yz;\, xye^z)^{\mathsf T}$,

e) div v für $v = \left(\ln^3[yz^2];\ e^{\cos x};\ \dfrac{1}{3}yz^3\right)^{\mathsf T}$.

19.4. Für das Skalarfeld $U = U(x,y,z)$ berechne man grad U (es sei $r = xe_1 + ye_2 + ze_3$, $|r| = r$, a ein konstanter Vektor) und bestimme in a) bis l) die Gestalt der Niveauflächen, ($r \neq o$ und $r \neq a$).

a) $U = 2x + 5y - 6z$, b) $U = ar$, c) $U = r$,

d) $U = xyz$, e) $U = \dfrac{1}{r}$, f) $U = z - x^2 - y^2$,

g) $U = r^2$, h) $U = r^n$, i) $U = \ln r$,

j) $U = |r - a|$, k) $U = (z \cdot e_3 - r)\,r$,

l) $U = f^2$ mit $f = \dfrac{x}{a}\,e_1 + \dfrac{y}{b}\,e_2 + \dfrac{z}{c}\,e_3$,

m) $U = a(r \times a)$, n) $U = (a \times r)^2$, o) $U = (ar)\,r^n$.

19.5. Von dem Skalarfeld $U(x,y,z) = 2x - y + (z - 5)$ bestimme man die Niveauflächen und gebe das zugehörige Gradientenfeld an. Welchen Anstieg hat das Skalarfeld im Punkt $P(1;2;5)$ in Richtung

$\alpha)$ $\overrightarrow{OP}$; $\beta)$ grad U; $\gamma)$ $s = (-1;3;5)^{\mathsf T}$?

19.6. Von dem skalaren Feld $U = U(x,y,z) = x^2y + y^2z + z^2x$ bestimme man im Punkt $P(1;2;1)$

a) grad U, b) $\dfrac{\partial U}{\partial a}$ für $a = (1;2;3)^{\mathsf T}$,

c) $\dfrac{\partial U}{\partial n}$ in Richtung grad U.

19.7. Für das Skalarfeld $U = U(x, y, z)$ bestimme man im Punkt $P(x_0; y_0; z_0)$ die Richtungsableitung $\dfrac{\partial U}{\partial a}$ in Richtung des Vektors a.

a) $U = \sin x \sin y + z^2$, $P(-5; 10; -1)$, $a = (2; 2; 1)^\mathsf{T}$,

b) $U = \dfrac{x^2 + y^2 + z^2}{2x}$, $P(2; 3; 1)$, $a = (1; 2; 1)^\mathsf{T}$,

c) $U = e^{x+y+z}$, $P(0; 0; 0)$, $a = (1; 2; -2)^\mathsf{T}$,

d) $U = \dfrac{x^2}{a} + \dfrac{y^2}{b} + \dfrac{z^2}{c}$, $abc \neq 0$, $P(a; b; c)$, $a = (a; b; c)^\mathsf{T}$.

19.8. Von dem Skalarfeld $U = \dfrac{x^2}{a^2} + \dfrac{y^2}{b^2} + \dfrac{z^2}{c^2}$, $a > b > c > 0$, bestimme man diejenigen Punkte der Niveaufläche $U(x, y, z) = 1$, in denen grad U extremale Länge besitzt.

19.9. Für das Potential $U = 3r^2 + \dfrac{1}{r^2}$, $r = (x; y; z)^\mathsf{T}$, berechne man die Feldstärke $E := -\mathrm{grad}\, U$. Für welche Punkte wird $|E|$ am kleinsten?

19.10. Geben Sie an, ob die ebenen Vektorfelder a in den nachstehend skizzierten Gebieten Quellen bzw. Wirbel besitzen, und entscheiden Sie dementsprechend, ob jeweils die Divergenz bzw. die Rotation verschwindet oder nicht!

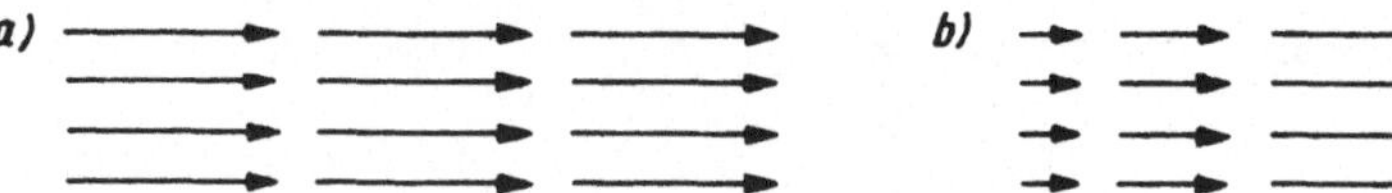

19.11. Welche der Ausdrücke

a) $a \cdot \mathrm{rot}\,(a \times b)$,

b) $e_1 x \times \mathrm{grad}\,(ab)$,

c) $x \times \mathrm{grad}\,(ab)$,

d) $e_1 x \times \mathrm{grad}\,(a \times b)$,

e) $c \times \mathrm{grad}\,(e_1 \cdot f)$,

f) $\mathrm{rot}\,(c \times (e_1 \,\mathrm{div}\,f))$,

g) $\mathrm{rot}\,(c \times \mathrm{grad}\,f)$,

h) $\mathrm{div}\,\mathrm{rot}\,(c \times e_3 \cdot f)$

sind sinnvoll, welche sinnlos? Warum? Berechnen Sie die sinnvollen Ausdrücke für $a = z e_1 - 3 e_3$, $b = xy e_2$, $c = 2 e_2 - xy e_3$ und $f = f(x, y, z) = x + y + z$!

19.12. Man begründe, welche der folgenden Ausdrücke erklärt sind, wenn $u = u(x,y,z)$, $t = t(x,y,z)$ Skalarfelder und $v(x,y,z)$, $w(x,y,z)$ Vektorfelder sind. (Die benötigten Ableitungen sollen existieren.)

a) $\operatorname{grad} w$,   b) $\operatorname{rot}(v \times \operatorname{grad} t)$,   c) $\operatorname{div}(uv)$,   d) $\operatorname{grad}(\operatorname{rot} w \times v)$,

e) $\operatorname{rot}(vt)$,   f) $(v \operatorname{div} w) \times \operatorname{grad} t$,   g) $\operatorname{grad} \operatorname{div}(v \times w)$,   h) $\operatorname{grad}(\operatorname{rot} v)^2$.

19.13. Für $r = (x;y;z)^\mathsf{T}$ mit $|r| = r$ und einen konstanten Vektor a berechne man:

a) $\operatorname{div} r$,   b) $\operatorname{rot} r$,   c) $\operatorname{div}(a \times r)$,   d) $\operatorname{rot}(a \times r)$,

e) $\operatorname{grad} \dfrac{1}{r}$,   f) $\operatorname{div}\left(\dfrac{r}{r^3}\right)$,   g) $\operatorname{div} \operatorname{grad} \dfrac{1}{r}$,   h) $\operatorname{div}(r^2 r)$

19.14. Für das Vektorfeld $v = v(x,y,z)$ berechne man $\operatorname{rot} v$. Welche Werte müssen gegebenenfalls die Konstanten a, b, n, λ annehmen, damit ein wirbelfreies Feld v vorliegt?

a) $v = \left(\dfrac{xy}{z}; \dfrac{x^2}{2z} + (y-z)^2; -\dfrac{x^2 y}{2z^2} - (y-z)^2 - \mathrm{e}^{-z}\right)^\mathsf{T}$ für $z > 0$,

b) $v = (x^2 + 5ay + 3yz)\, e_1 + (5x + 3axz - 2)\, e_2 + ([2 + a]\, xy - 4z)\, e_3$,

c) $v = (xz + ay^n + bz^2)\, e_1 + (xy + az^n + bx^2)\, e_2 + (yz + ax^n + by^2)\, e_3$,

d) $v = (3x^2 y^2 z + 6y^2)\, e_1 + (2x^3 yz + \lambda xy - 8yz^3)\, e_2 + (x^3 y^2 - \lambda y^2 z^2)\, e_3$.

19.15. Zeigen Sie, daß für die Skalarfelder $U = U(x,y,z)$, $V = V(x,y,z)$ und die Vektorfelder

$$a = (a_1(x,y,z); a_2(x,y,z); a_3(x,y,z))^\mathsf{T}, \qquad b = (b_1(x,y,z); b_2(x,y,z); b_3(x,y,z))^\mathsf{T}$$

folgende Beziehungen gelten:

a) $\operatorname{div}(a + b) = \operatorname{div} a + \operatorname{div} b$,   b) $\operatorname{grad}(UV) = V \operatorname{grad} U + U \operatorname{grad} V$,

c) $\operatorname{div}(Ua) = U \operatorname{div} a + a \operatorname{grad} U$,   d) $\operatorname{rot}(Ua) = U \operatorname{rot} a + \operatorname{grad} U \times a$,

e) $\operatorname{div} \operatorname{rot} a = 0$,   f) $\operatorname{rot} \operatorname{grad} U = o$,

g) $\operatorname{div} \operatorname{grad} U = \Delta U$,   h) $\operatorname{div}(a \times b) = b \operatorname{rot} a - a \operatorname{rot} b$.

(Alle benötigten Ableitungen sollen existieren.)

19.16. Berechnen Sie mit Hilfe des Nablaoperators ∇ die folgenden Ausdrücke!

a) $\nabla \cdot r$,   b) $\nabla \times r$,   c) $\nabla \cdot r^2$,   d) $\nabla \times r^3$,

e)* $\nabla \cdot r^3$,   f) $\nabla \dfrac{1}{r}$ $(r \neq 0)$,   g) $\nabla \cdot \dfrac{r}{r}$ $(r \neq 0)$,

h) $\nabla \cdot \dfrac{r}{r^3}$ $(r \neq 0)$,   i) $\nabla(r \cdot r)$,   j) $\nabla \times (a \times r)$

sowie vergleichsweise die Ausdrücke $2\nabla(ar)$ bzw. $a\dfrac{r}{r^2}\nabla r^2$! Es bedeuten:

$$r = xe_1 + ye_2 + ze_3, \quad r = |r|, \quad \nabla = e_1 \frac{\partial}{\partial x} + e_2 \frac{\partial}{\partial y} + e_3 \frac{\partial}{\partial z}$$

und a einen konstanten Vektor. Geben Sie an, ob es sich bei den angeführten Operationen jeweils um die Operation grad, rot oder div handelt!

19.17. Durch $v = 4(r^2 - x^2 - y^2)\, e_3$ ist das Geschwindigkeitsfeld einer laminaren Rohrströmung gegeben (Rohrachse ist z-Achse, Rohrdurchmesser ist $2r$). Zeigen Sie, daß die Strömung quellenfrei, aber nicht wirbelfrei ist.

19.18. Das Magnetfeld eines in Richtung e_3 verlaufenden geradlinigen unendlich dünnen Stromfadens wird durch

$$H = -\frac{I}{2\pi}\frac{y}{x^2 + y^2}\, e_1 + \frac{I}{2\pi}\frac{x}{x^2 + y^2}\, e_2 \quad (x;y) \neq (0;0)$$

beschrieben. Berechnen Sie rot H und div H!

19.19. Ermitteln Sie für das Vektorfeld

$$E = \frac{Q}{4\pi\varepsilon_0}\frac{x\,e_1 + y\,e_2 + z\,e_3}{(x^2 + y^2 + z^2)^{3/2}} \quad (x;y;z) \neq (0;0;0)$$

(elektrisches Feld der in $r=o$ konzentrierten Ladung Q) rot E und div E.

19.20. Für einen konstanten Vektor a^0 und $r = x e_1 + y e_2 + z e_3$ berechne man

a) $\operatorname{div}(a^0 \cdot r)\, a^0$,   b) $\operatorname{rot}(a^0 \cdot r)\, a^0$,   c) $\operatorname{div}\left[(a^0 \times r) \times a^0\right]$,   d) $\operatorname{rot}\left[(a^0 \times r) \times a^0\right]$.

19.21. Bestimmen Sie alle Funktionen $f=f(r)$, für die das Vektorfeld $v = rf(r)$

a) quellenfrei,   b) wirbelfrei ist $(r = x e_1 + y e_2 + z e_3,\ |r| = r)$.

19.22. Ermitteln Sie diejenigen Funktionen $f(r)$, die der Gleichung

a) $\operatorname{grad}(r^2 f(r)) = \dfrac{r}{r}$,   b) $\operatorname{div}(f(r) \cdot r) = \dfrac{1}{r^3}$

mit $r = x e_1 + y e_2 + z e_3,\ |r| = r$ und $f(r)$ als einer nur von r abhängigen, differenzierbaren Skalarfunktion genügen $(r \neq 0)$.

19.23. Für eine zweimal differenzierbare Funktion $f = f(r)$, $r^2 = x^2 + y^2 + z^2$, berechne man $\Delta f(r)$. Welche Gestalt muß $f(r)$ haben, damit $\Delta f(r) = 0$ für $r \neq 0$ gilt?

19.24.* Ermitteln Sie jene differenzierbare Skalarfunktion $f(r)$, für welche die Laplace-Differentialgleichung

a) $\Delta f(r) r^4 = r^2 \ln r$,   b) $\Delta f(r) r = \dfrac{1}{r^3}$

gilt $(r \neq 0)$! Hierbei bedeutet $\Delta = \nabla^2 = \dfrac{\partial^2}{\partial x^2} + \dfrac{\partial^2}{\partial y^2} + \dfrac{\partial^2}{\partial z^2}$.

20. Parameterintegrale und Doppelintegrale – Integrale über ebene Bereiche

20.1. Von den folgenden Parameterintegralen ist die erste Ableitung nach dem Parameter in integralfreier Gestalt anzugeben:

a) $h(t) = \displaystyle\int_{r=1}^{t^2} \frac{1}{t+r}\, dr \quad (t > 0)$,

b) $g(y) = \displaystyle\int_{t=1}^{y^2} \frac{dt}{3t^2} \quad (y > 1)$,

c) $G(t) = \displaystyle\int_{x=1}^{2} \frac{\sinh(2t - tx)}{x - 2}\, dx$,

d) $F(x) = \displaystyle\int_{y=1}^{2} \arctan\left(\frac{x}{y}\right) dy$,

e) $w(x) = \displaystyle\int_{t=10}^{e^x} \frac{\ln t}{t}\, dt$.

20.2. Berechnen Sie jeweils $f'(x)$ für

a) $f(x) = \displaystyle\int_{t=0}^{x} e^{-xt}\, dt \quad (x \neq 0)$,

b) $f(x) = \displaystyle\int_{t=0}^{x} \frac{1 + t^2 x}{1 + t^3}\, dt$,

c) $f(x) = \displaystyle\int_{t=1}^{x} \frac{|t^2 - 5t + 6|}{t}\, dt \quad (1 < x \leq 3)$,

d) $f(x) = \displaystyle\int_{u=1}^{x} \sqrt{1 + u^4}\, du$,

e) $f(x) = \displaystyle\int_{x}^{x^2} \frac{1}{y} \ln(1 + xy)\, dy \quad (x > 0)$,

f) $f(x) = \displaystyle\int_{t=1}^{x^2} \frac{\ln(tx)}{1 + t}\, dt \quad (x > 1)$,

g) $f(x) = \displaystyle\int_{y=-2x}^{-x} \sqrt{1 + (y + 2x)^4}\, dy$,

h) $f(x) = \displaystyle\int_{t=x^2}^{1+x^4} \frac{\sin(tx)}{t}\, dt \quad (x \neq 0)$.

20.3. Von der im R^2 stetigen Funktion $f(x,y)$ sollen f_x, f_y, f_{yy} existieren und stetig sein.

a) Ermitteln Sie $F''(y)$ für $F(y) = \displaystyle\int_{x=\text{const}}^{y} f(x,y)\, dx$.

b) Wie lautet $F''(y)$, falls $f(x,y) = y\sqrt{2 + \sin x}$ gilt?

20.4. Für welche Werte von a ist $u(x,t) = \dfrac{1}{2a} \displaystyle\int_{z=x-at}^{x+at} h(z)\, dz$ Lösung der Gleichung

$\dfrac{\partial^2 u}{\partial t^2} = \dfrac{\partial^2 u}{\partial x^2}$? ($h(z)$ sei stetig differenzierbar.)

20.5. Die partiellen Ableitungen erster Ordnung der Funktion $F(u, v, w) := \displaystyle\int_{u}^{v} f(x, w)\, dx$

sind zu berechnen. Man benutze das Ergebnis, um für

$$F[u(t), v(t), w(t)] := \int\limits_{u(t)}^{v(t)} f(x, t)\, \mathrm{d}x$$

die Ableitung $\dfrac{\mathrm{d}F}{\mathrm{d}t}$ zu ermitteln. Wie lautet

$$\dot{F}_1(t) \text{ für } F_1(t) := \int\limits_{t}^{t^2} \frac{\sin(xt)}{x}\, \mathrm{d}x \quad (t \neq 0)\,?$$

(Die auftretenden Funktionen und ihre Ableitungen sollen stetig existieren.)

20.6. Man zeige, daß $w_{xy} - w = 0$ (Telegraphengleichung) durch $w(x, y) = \int\limits_{u=a}^{x} f(t)\varphi(u)\, \mathrm{d}u$

$+ \int\limits_{u=b}^{y} f(t)\psi(u)\, \mathrm{d}u$ erfüllt wird, wobei $t = (u - x)(u - y)$ gilt und $f(t)$ der Gleichung $tf''(t)$

$+ f'(t) - f(t) = 0$ genügt.

20.7.* Berechnen Sie $I_1(x) = \int\limits_{t=0}^{x} \dfrac{\mathrm{d}t}{\sqrt{1 - t^2}\,^3}$ durch Differentiation von

$$I(x, y) = \int\limits_{t=0}^{x} \frac{\mathrm{d}t}{\sqrt{y^2 - t^2}} \quad \text{nach } y.$$

20.8. Die folgenden Doppelintegrale sind zu berechnen, und der Integrationsbereich soll skizziert werden:

a) $\displaystyle\int\limits_{y=0}^{1} \int\limits_{x=0}^{1} e^{x+y}\, \mathrm{d}x\,\mathrm{d}y,$

i) $\displaystyle\int\limits_{y=1}^{e} \int\limits_{x=1}^{ey} \ln\left(\frac{x}{y}\right)\, \mathrm{d}x\,\mathrm{d}y,$

b) $\displaystyle\int\limits_{\varphi=0}^{2\pi} \int\limits_{r=0}^{1} (1 - r^2)\, r\,\mathrm{d}r\,\mathrm{d}\varphi,$

j) $\displaystyle\int\limits_{y=0}^{\pi/2} \int\limits_{x=0}^{\pi/2} e^{x+y}\sin(x + y)\, \mathrm{d}x\,\mathrm{d}y,$

c) $\displaystyle\int\limits_{x=0}^{1} \int\limits_{y=0}^{\pi x/2} \cos\left(\frac{y}{x}\right)\, \mathrm{d}y\,\mathrm{d}x,$

k) $\displaystyle\int\limits_{x=-1}^{3} \int\limits_{y=x^2}^{2x+3} 2\sqrt{y - x^2}\, \mathrm{d}y\,\mathrm{d}x,$

d) $\displaystyle\int\limits_{x=1}^{4} \int\limits_{y=-\pi}^{\pi/3} x^2 \sin y\,\mathrm{d}y\,\mathrm{d}x,$

l) $\displaystyle\int\limits_{\varphi=0}^{\pi/2} \int\limits_{r=0}^{a\sqrt{\sin 2\varphi}} r\,\mathrm{d}r\,\mathrm{d}\varphi \quad (a > 0),$

e) $\displaystyle\int\limits_{y=1}^{2} \int\limits_{x=0}^{y+1} x\ln y\,\mathrm{d}x\,\mathrm{d}y,$

m)* $\displaystyle\int\limits_{x=0}^{a} \int\limits_{y=0}^{(b/a)\sqrt{a^2 - x^2}} (x^2 + y^2)\,\mathrm{d}y\,\mathrm{d}x \quad (a, b > 0),$

f) $\displaystyle\int\limits_{y=0}^{4} \int\limits_{x=1}^{2} \sin(2x + y)\,\mathrm{d}x\,\mathrm{d}y,$

n)* $\displaystyle\int\limits_{x=-R}^{R} \int\limits_{y=-\sqrt{R^2 - x^2}}^{\sqrt{R^2 - x^2}} \sqrt{R^2 - x^2 - y^2}\, \mathrm{d}y\,\mathrm{d}x \quad (R > 0),$

g) $\displaystyle\int\limits_{y=1}^{e^2} \int\limits_{x=\pi/4y}^{\pi/2y} \cos(xy)\,\mathrm{d}x\,\mathrm{d}y,$

o) $\displaystyle\int\limits_{y=0}^{1} \int\limits_{x=1/\sqrt{3}}^{\sqrt{3}} \frac{1 + x + y + xy}{1 + x^2 + y^2 + x^2 y^2}\, \mathrm{d}x\,\mathrm{d}y.$

h) $\displaystyle\int\limits_{x=0}^{1} \int\limits_{y=0}^{1} x^2 e^{x^3 + y}\,\mathrm{d}y\,\mathrm{d}x,$

20.9. Man skizziere den Integrationsbereich und vertausche die Integrationsreihenfolge ($f(P)$ sei stetig):

a) $\displaystyle\int_0^4 \int_y^{10-y} f(P)\,dx\,dy,$

b) $\displaystyle\int_{-1}^2 \int_{x^2}^{x+2} f(P)\,dy\,dx,$

c) $\displaystyle\int_{-6}^2 \int_{\frac{y^2}{4}-1}^{2-y} f(P)\,dx\,dy,$

d) $\displaystyle\int_0^2 \int_{-\sqrt{2x-x^2}}^0 f(P)\,dy\,dx,$

e) $\displaystyle\int_{-1}^1 \int_0^{y_0(x)} f(P)\,dy\,dx$ mit $y_0(x) = \begin{cases} \sqrt{1-x^2} & \text{für } -1 \leq x \leq 0, \\ 1-x & \text{für } 0 \leq x \leq 1, \end{cases}$

f) $\displaystyle\int_0^{2a} \int_{\frac{y^2}{2a}}^{x_0(y)} f(P)\,dx\,dy + \int_0^a \int_{a+\sqrt{a^2-y^2}}^{2a} f(P)\,dx\,dy$

mit $x_0(y) = \begin{cases} a - \sqrt{a^2-y^2} & \text{für } 0 \leq y \leq a, \\ 2a & \text{für } a \leq y \leq 2a, \, a > 0. \end{cases}$

20.10. Skizzieren Sie den Bereich B, und berechnen Sie das Bereichsintegral $\displaystyle\iint_B f(x,y)\,db$ für

a) $f(x,y) = xy^2,$ $\qquad\qquad B: 0 \leq x \leq 1 \wedge 0 \leq y \leq 3 - 2x,$

b) $f(x,y) = xy,$ $\qquad\qquad B$ ist in Polarkoordinaten durch $0 < a \leq r \leq b, 0 \leq \varphi \leq \frac{\pi}{2}$ gegeben,

c) $f(x,y) = x + y^2,$ $\qquad\quad B$ wird durch $x = \frac{y^2}{4}$ und $y = 2x - 12$ begrenzt,

d) $f(x,y) = x^2 + y^2,$ $\qquad B$ wird durch die Geraden $y = 0$, $x = 5$ und $3y = (x + 2)$ begrenzt,

e) $f(x,y) = xy,$ $\qquad\qquad B = \{(x;y)\,|\,\sqrt{y} \leq x \leq 6 - y \wedge 0 \leq y \leq 4\},$

f) $f(x,y) = \dfrac{x-y}{x+y},$ $\qquad B$ ist das Dreieck mit den Eckpunkten $(1;1), (1;2), (2;2),$

g) $f(x,y) = xy,$ $\qquad\qquad B$ wird durch $\sqrt{x} + \sqrt{y} = 1$, $x = 0$, $y = 0$ begrenzt,

h) $f(x,y) = 8 - x^2y,$ $\qquad B$ ist das Rechteck mit den Eckpunkten $(0;2), (-1;2),$ $(-1;-2), (0;-2)$, an welches die Halbkreisscheibe $x^2 + y^2 = 4$ $(x \geq 0)$ angesetzt ist,

i) $f(x,y) = \dfrac{1}{(x+y)^3},$ $\qquad B = \{(x;y)\,|\,1 \leq y \leq 2 \wedge 2 \leq x + y \leq 5\},$

j) $f(x,y) = x + y,$ $\qquad\quad B$ ist die von der Ellipse $x^2 + 3y^2 = 4$ und der Geraden $x = 1$ begrenzte Punktmenge, welche den Ursprung enthält.

20.11. Welches Volumen wird man der Punktmenge M zuordnen, für deren Punkte $P(x,y,z)$ gilt: $|x + y| \leq \dfrac{\pi}{2}$, $|x - y| \leq \dfrac{\pi}{2}$ und $0 \leq z \leq \cos x \cos y$?

20.12. Man skizziere den Grundriß des gegebenen Körpers in einer geeigneten Koordinatenebene und berechne das Volumen des Körpers, wenn er begrenzt wird von

a) den Flächen $y = \cos x$, $y = x + 1$, $x = \dfrac{\pi}{2}$, $z = 0$ und $z = \sin x$,

b) den Ebenen $x = 1$, $y = 1$, $x + y = 1$, $z = 0$ und der Fläche $z = xy$,

c) der Ebene $z = 0$, der Zylinderfläche $|x| + |y| = \dfrac{\pi}{2}$ und der Fläche $z = \cos y$,

d) der x, y-Ebene, den Ebenen $x + y = 2$, $y + 2 = z$ und der Fläche $y^2 = x$,

e) dem Bereich $B = \{(x;y) \mid x^2 + y^2 \leq 1\}$ und den Flächen $x^2 + y^2 = 1$ und $z = 1 + xy$,

f) den Ebenen $z = 0$, $2x - y - z + 5 = 0$ und der parabolischen Zylinderfläche $y = x^2 + 2$,

g) den Flächen $x - y^2 + 3 = 0$, $2(x + y) + z = 8$, $x = 1$, $z = 0$; der Punkt $P(0/0/1)$ gehöre zum gegebenen Körper,

h) der Ebene $z = 0$, den Flächen $z = x^2 + 3$, $x^2 + y^2 = 2$ und $x^2 + y^2 = 4$,

i) der Zylinderfläche $(x - 2)^2 + y^2 = 4$, der Ebene $z = 0$ und $z = 3\sqrt{x^2 + y^2}$,

j) der x, y-Ebene und den Flächen $x^2 + y^2 = 1$, $z = 40y^2 + 4$ im 1. Oktanten,

k) den Ebenen $z = 0$, $y = 0$, der Fläche $z = 4x^2 + 3y$ und der Halbzylinderfläche $x^2 + y^2 = 1$ mit $y \geq 0$,

l) der Zylinderfläche $x^2 + y^2 = 9$, den Ebenen $x = 1$, $y = 0$ und den Flächen $z = \dfrac{y}{x + 1}$ und $z = 2xy\, e^{y^2}$ im 1. Oktanten,

m)* den Ebenen $x = 0$, $y = x - 5$ und der Fläche $y^2 + 2z^2 = 2$,

n) den Flächen $y = 2\sqrt{4 - 2x}$ und $z = \dfrac{y}{x^2 - 2x + 2}$ im 1. Oktanten,

o)* den Ebenen $z = 0$, $x = 0$, $y = 0$, $y = \dfrac{1}{2}\sqrt{2}$, der Zylinderfläche $x^2 + y^2 = 1$ und der Fläche $z = x(x + y)$ im 1. Oktanten.

20.13. Die parabolischen Zylinderflächen $x^2 + z = 4$ und $y^2 + z = 4$ sowie die Ebene $z = 0$ begrenzen einen räumlichen Bereich. Bestimmen Sie sein Volumen.

20.14. Der Bereich B: $0 \leq x \leq \pi$, $0 \leq y \leq \sin x$ ist mit Masse der Dichte $\varrho(x,y) = 1 + x + 4y$ belegt. Man bestimme seine Gesamtmasse.

20.15. Das Kurvenstück $y = \sin x$, $x \in \left[\dfrac{\pi}{2}, \pi\right]$ und die Geraden $x = \pi$ und $y = 1$ begrenzen ein Flächenstück, welches mit Masse der Flächendichte $\varrho = \varrho(x,y) = x + y\cos x$ belegt ist. Berechnen Sie die Gesamtmasse.

20.16. Das von den Kurven $x = 2y^2 - 1$ und $x = 2y + 3$ begrenzte Flächenstück B der x, y-Ebene (Skizze!) sei mit Masse belegt. Die Flächendichte betrage $\varrho(x,y) = 3 + 2y$. Wie groß ist die auf B liegende Gesamtmasse m?

20.17. Berechnen Sie für den auf der Ebene $z = 0$ durch die Kurven $x = y^2$ und $x = 3 - 2y^2$ begrenzten Bereich, der mit Masse der Dichte $\varrho = \varrho(x,y) = xy^2$ belegt ist, mit Hilfe von Bereichsintegralen

a) die Fläche,   b) die Masse,   c) den Schwerpunkt!

20.18. Die Kurven $y = x^2$ und $y = \sqrt{x}$ begrenzen eine Fläche. Diese sei mit der Flächendichte $\varrho(x,y) = x + y$ belegt. Berechnen Sie für die Fläche:

a) den Inhalt,   b) die Gesamtmasse,   c) die statischen Momente
bezüglich der x- und y-Achse,   d) die Schwerpunktskoordinaten (Skizze!).

20.19. Auf der Ellipsenfläche $\dfrac{x^2}{a^2} + \dfrac{y^2}{b^2} \leqq 1$ ist die Flächendichte durch

$$\varrho(x,y) = \varrho_1 + \varrho_2 \left(1 - \sqrt{\frac{x^2}{a^2} + \frac{y^2}{b^2}} \right)^2$$

gegeben, $\varrho_1, \varrho_2 = \text{const}$. Wie groß ist die Gesamtmasse?

20.20. Gegeben sind im 1. Quadranten die Parabelbögen $y^2 = px$, $y^2 = qx$, $x^2 = ay$, $x^2 = by$ $(0 < p < q, 0 < a < b)$. Man berechne den Inhalt des von diesen Bögen begrenzten Vierecks durch Einführung krummliniger Koordinaten (u, v) gemäß $x^2 = uy$, $y^2 = vx$.

20.21. Durch die nachfolgend angegebenen Kurven wird im ersten Quadranten ein Flächenstück B begrenzt. Dieses sei mit Masse der Dichte $\varrho = \varrho(x,y)$ belegt (Skizze!). Zur Beschreibung von B sind geeignete krummlinige Koordinaten einzuführen. Man berechne den Inhalt und die Masse von B (vgl. Aufg. 20.20.).

a) $y = \dfrac{1}{x}$, $y = \dfrac{2}{x}$, $y = 2x$, $y = 3x$, $\varrho(x,y) = \dfrac{2y}{x}$,

b) $y = x^2$, $y = \dfrac{1}{2}x^2$, $y = \sqrt{x}$, $y = 2\sqrt{x}$, $\varrho(x,y) = xy$,

c) $xy = a$, $xy = b$, $y^2 = px$, $y^2 = qx$, $a < b$, $q < p$, $\varrho(x,y) = y^3$.

20.22. Berechnen Sie für das Blatt der Lemniskate $r = a\sqrt{\cos 2\varphi}$ $\left(-\dfrac{\pi}{4} \leqq \varphi \leqq \dfrac{\pi}{4} \right)$ mit der Flächendichte

$$\varrho = \varrho(x,y) = \sqrt{1 + \frac{x^2}{a^2} + \frac{y^2}{a^2}}$$

a)   die Fläche,   b) die Gesamtmasse,
c)* das Trägheitsmoment in bezug auf die z-Achse! Skizzieren Sie den Bereich!

20.23. $J(\alpha)$ sei das Trägheitsmoment eines homogenen Kreissektors (Radius a, Zentriwinkel 2α) bezüglich seiner Symmetrieachse.

a) Man berechne $J(\alpha)$ für $0 \leqq \alpha \leqq \pi$ und diskutiere die Fälle $\alpha = \dfrac{\pi}{4}, \dfrac{\pi}{2}, \pi$.

b) Wie groß ist c in $J(\pi) = cI$, wenn I das polare Trägheitsmoment einer homogenen Kreisscheibe mit Radius a ist $(\varrho = \varrho_0 = \text{const})$?

20.24. Es sei B ein Bereich der x,y-Ebene. Durch $u = x^3$, $v = y$ wird er eineindeutig auf den Bereich B^* der u,v-Ebene abgebildet. Dann gibt es eine von der Gestalt von B unabhängige Konstante c, so daß das c-fache Trägheitsmoment von B bezüglich der y-Achse gleich dem Flächeninhalt von B^* ist. Welchen Wert hat c $(\varrho = 1)$?

20.25. Im R^2 ist der Ringbereich B_1: $12 \leq \sqrt{x^2 + y^2} \leq 13$ flächengleich dem Kreisbereich B_2: $x^2 + y^2 \leq 25$. (Wieso?) Gibt es eine Konstante c mit $T_1 = cT_2$, wenn T_1, T_2 die polaren Trägheitsmomente ($\varrho = 1$) von B_1 bzw. B_2 sind?

20.26. Mit Hilfe des Steinerschen Satzes sind die Trägheitsmomente J_{x_s}, J_{y_s} des durch $x = 0$, $y = 1$ und $y = x^2$ ($x > 0$) begrenzten ebenen Bereiches bezüglich der durch den Schwerpunkt gehenden und zur x- bzw. y-Achse parallelen Achsen zu bestimmen ($\varrho = 1$).

20.27. Gesucht ist das polare Trägheitsmoment bezüglich des Schwerpunktes S von einem

a) gleichseitigen Dreieck mit der Seitenlänge a (Hinweis: Man berechne zunächst das Trägheitsmoment des Dreiecks bezüglich des Punktes $P_0(0/0)$ und beachte dann den Satz von Steiner),

b) regelmäßigen Sechseck mit der Seitenlänge a; dabei läßt sich ein Teilergebnis von a) verwenden.

In beiden Fällen gelte $\varrho = \varrho_0 = \text{const}$ (Bild 20.1).

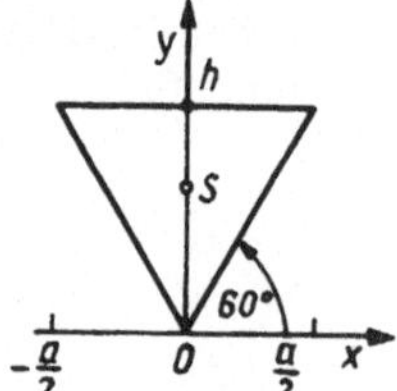

Bild 20.1

20.28. Man berechne das polare Trägheitsmoment eines regelmäßigen n-Ecks, welches einem Kreis mit dem Radius r einbeschrieben ist, bezüglich des Kreismittelpunktes, $\varrho = 1$. Welcher Sachverhalt ergibt sich für $n \to \infty$?

20.29. a) Das polare Trägheitsmoment des zwischen den Ellipsen

$$\frac{x^2}{a^2} + \frac{y^2}{b^2} = 1 \quad \text{und} \quad \frac{x^2}{(\lambda a)^2} + \frac{y^2}{(\lambda b)^2} = 1 \;(a > 0, \, b > 0, \, 0 < \lambda < 1)$$

liegenden Bereiches ist zu berechnen (geeignete Koordinaten einführen!).

b) Welcher Wert ergibt sich für das Trägheitsmoment im Falle $a = b$ und $\lambda \to +0$? Man interpretiere das Ergebnis.

20.30. Das Zentrifugalmoment J_{xy} des durch die Kardioide $r = 1 + \cos\varphi$ ($0 \leq \varphi \leq \pi/2$; r, φ Polarkoordinaten) und die Geraden $x = 0$, $y = 0$ begrenzten ebenen Flächenstückes ist zu berechnen.

20.31.* Durch die Kurve $x^4 + y^4 = x^2 + y^2$ wird ein ebener Bereich B begrenzt.

a) Es ist zu zeigen, daß die Begrenzungskurve von B in Polarkoordinaten $r = r_0(\varphi)$ $= \dfrac{2}{\sqrt{3 + \cos 4\varphi}}$ lautet. Man skizziere B.

b) Gesucht sind die Trägheitsmomente J_x, J_y. (Hinweis: Zuerst das polare Trägheitsmoment bezüglich des Ursprungs J_0 berechnen und dann einen Zusammenhang mit J_x, J_y herstellen!)

21. Integrale über räumliche Bereiche

21.1. Man berechne die dreifachen Integrale:

a) $\displaystyle\int_{x=0}^{\pi/2}\int_{y=0}^{1}\int_{z=0}^{1-y^2} 2y^3(y^2+2z)\sin 2x\,dz\,dy\,dx,$ b) $\displaystyle\int_{r=0}^{1}\int_{t=1-r}^{0}\int_{z=0}^{10(r^2+t)} r^2 t\,dz\,dt\,dr,$

c) $\displaystyle\int_{t=0}^{\pi/4}\int_{s=0}^{\sqrt{\cos 2t}}\int_{z=0}^{\sqrt{1-s^2}} s\,dz\,ds\,dt,$ d)* $\displaystyle\int_{x=0}^{1}\int_{y=0}^{\sqrt{1-x^2}}\int_{z=\sqrt{x^2+y^2}}^{\sqrt{2-x^2-y^2}} z^2\,dz\,dy\,dx.$

21.2. Berechnen Sie das Raumintegral der Funktion $f(x,y,z)=xyz$ für den von den folgenden Flächen eingeschlossenen räumlichen Bereich:

$z=-2x^2,\quad z=x^2+y^2,\quad y=0,\quad x=2,\quad y=1,\quad (2\geqq x\geqq 0),\quad x=0,\quad (1\leqq y\leqq 2),$
$y=2,\quad (0\geqq x\geqq -2),\quad x=-2.$

a) Fassen Sie den Bereich als eine Vereinigung von räumlichen Normalbereichen jenes Typs auf, dessen Projektion auf die x,y-Ebene einen ebenen Normalbereich bezüglich der x-Achse liefert.
Skizzieren Sie diese Projektion auf die x,y-Ebene!
b) Der Bereich soll als eine Vereinigung von räumlichen Normalbereichen jenes Typs aufgefaßt werden, dessen Projektion auf die x,y-Ebene einen ebenen Normalbereich bezüglich der y-Achse darstellt.
(Beachten Sie bei der Berechnung der Integrale, daß die Integration über ungerade Funktionen mit symmetrisch zu 0 gelegenen Grenzen den Wert 0 liefert!)

21.3. Welches Volumen hat der Körper, der von den folgenden Flächen begrenzt wird?
a) $x=0,\quad x=2\pi,\quad y=0,\quad y=1,\quad z=y,\quad z=y^3,$
b) $x=0,\quad y=0,\quad y=x+1,\quad z=-xy-1,\quad z=x^2+y^2+1.$

21.4. Berechnen Sie für den durch die Flächen $z=1$ und $\dfrac{x^2}{9}+\dfrac{y^2}{9}=5-z$ eingeschlossenen räumlichen Bereich (Skizze!) das Raumintegral der Funktion $f(x,y,z)=z$!

21.5. Wie groß ist das Volumen desjenigen Teiles der Kugel $x^2+y^2+z^2\leqq a^2$, der innerhalb des Zylinders $\left(x-\dfrac{a}{2}\right)^2+y^2=\dfrac{a^2}{4}$ liegt $(a>0)$?
(Man arbeite mit Zylinderkoordinaten!)

21.6. Unter Benutzung geeigneter Koordinaten berechne man das Volumen
a) des Teiles der Kugel $(x-a)^2+y^2+z^2\leqq a^2$, der durch die Zylinderfläche $(x-a)^2+y^2=b^2$ $(a^2>b^2)$ herausgeschnitten wird,
b) des Körpers, der von der Ebene $z=0$ und den Flächen $z=\sqrt{x^2+y^2}$ und $\left(x-\dfrac{1}{2}\right)^2+y^2=\dfrac{1}{4}$ begrenzt wird.

21.7. Wie groß ist das Volumen desjenigen Teiles der Kugel $x^2 + y^2 + z^2 \leqq 2az$, der zwischen den Kegelflächen $x^2 + y^2 = z^2 \tan^2 \alpha$ und $x^2 + y^2 = z^2 \tan^2 \beta$ liegt $\left(a > 0; \right.$

$\left. 0 < \alpha < \beta < \dfrac{\pi}{2} \right)$? Verwenden Sie Kugelkoordinaten!

21.8.* Welches Volumen hat der von den Flächen $z = 4x^2 + (y - 1)^2$ und $z = 5 - 2y$ begrenzte Körper? Man verwende in geeigneter Weise elliptische Zylinderkoordinaten.

21.9. Ein Körper der Dichte $\varrho(x,y,z) = \dfrac{y}{1 + z^2}$ wird durch $0 \leqq x \leqq \dfrac{\pi}{4}$, $\dfrac{1}{\sqrt{1 + x^2}} \leqq y$ $\leqq \dfrac{3}{\sqrt{1 + x^2}}$, $\tan x \leqq z \leqq 1$ begrenzt. Wie groß ist seine Masse?

21.10. Welche Masse hat der Körper, der von den Koordinatenebenen und den Ebenen $x + ay = a$ und $bcx + acy + abz = abc$ $(b > 1; a, c > 0)$ begrenzt wird, wenn die Massendichte durch $\varrho(x,y,z) = 1 - \dfrac{x}{a} + \dfrac{y}{b}$ gegeben ist?

21.11. Ein Körper mit der Dichte $\varrho(x,y,z) = z$ wird von den Flächen $y = 0$, $z = 0$, $z = 2$, $y = 3 - x$, $y = 3 \cdot \dfrac{x + 1}{x + 2}$ begrenzt. Man skizziere den Grundriß des Körpers in der x,y-Ebene und berechne die Gesamtmasse des Körpers.

21.12. Aus dem Zylinder $x^2 + y^2 \leqq 4$ wird durch die x, y-Ebene und durch die Fläche $z = e^{x^2 + y^2}$ ein Körper herausgeschnitten. Welche Masse hat dieser Körper, wenn seine Dichte durch $\varrho(x,y,z) = y^2$ gegeben ist?

21.13. Berechnen Sie das Volumen des räumlichen Bereiches, der durch die Flächen $z = 0$ und $z = e^{-(x^2 + y^2)}$ begrenzt wird! (Die zuletzt genannte Fläche entsteht durch Rotation der Gaußschen Glockenkurve e^{-x^2} um die z-Achse.) Wie groß ist die Masse des Körpers von der oben genannten Form und der Dichte $\varrho = \varrho_0(x^2 + y^2)$?

21.14. Man bestimme die Masse desjenigen Körpers, der von den Flächen $z = 0$, $x^2 + y^2 = 4$ und $x - y - z = 0$ mit $z \geqq 0$ begrenzt wird. Für die Dichte gelte $\varrho(x,y,z) = 3(x^2 + y^2) z$.

21.15. Ein gerader Kreiskegel mit der Grundfläche in der x, y-Ebene – gegeben durch $x^2 + y^2 \leqq 3$ – und der Spitze im Punkt $P(0; 0; 4)$, besitze die Raumdichte $\varrho = x^2 + y^2 + z^2$. Bestimmen Sie die Masse des Kegels.

21.16. Die Punktmenge M sei der Durchschnitt der beiden Zylinder

$Z_1: (x - a)^2 + y^2 \leqq a^2$, $\quad 0 \leqq z \leqq z_0$ und

$Z_2: (x - 2a)^2 + y^2 \leqq a^2$, $\quad 0 \leqq z \leqq z_0$ mit $a > 0$ und $z_0 > 0$.

Welche Masse hat der durch M bestimmte Körper, wenn für die Dichte $\varrho = \varrho(x,y,z) = 3z$ gilt?

21.17. Berechnen Sie die Gesamtladung Q des Körpers, der durch die Flächen $z = \sqrt{3}\,(x^2 + y^2)$ und $z = \sqrt{4 - x^2 - y^2}$ begrenzt wird, wenn die Ladungsdichte mit $\varrho = \varrho(x,y,z) = \varrho_0 z$ angegeben wird. Fertigen Sie eine Skizze des Bereiches an!

21.18. Ein homogener Körper K werde durch die Zylinder $x^2 + y^2 = 1$, $x^2 + y^2 = 4$, den Kegel $z = \sqrt{x^2 + y^2}$ und die Ebene $z = -2$ begrenzt. Die Koordinaten des Schwerpunktes von K sind gesucht.

21.19. Bei Rotation der Geraden $z = 2x$ um die z-Achse entsteht eine Kegelfläche. Diese und die Ebene $z = 8$ begrenzen für $z \geq 0$ einen Körper, von dem

a) das Volumen,   b) die Koordinaten des geometrischen Schwerpunktes zu berechnen sind.

21.20. Gesucht sind Volumen und Schwerpunkt des homogenen Körpers, der von der Paraboloidfläche $x^2 + y^2 = 2z$ und der Kugelfläche $x^2 + y^2 + z^2 = 3$ begrenzt wird ($z \geq 0$).

21.21. Ein endlicher Körper K wird durch die Rotationsparaboloide $z = x^2 + y^2$ und $z = \dfrac{1}{2}(x^2 + y^2) + a$, $a > 0$, begrenzt. Gesucht sind die Koordinaten des geometrischen Schwerpunktes von K.

21.22. Welche Punktmenge M – beschrieben in Kugelkoordinaten – wird durch $0 \leq r \leq R$, $0 \leq \vartheta \leq \vartheta_0$ $(0 < \vartheta_0 \leq \pi)$, $0 \leq \varphi \leq 2\pi$ im R^3 bestimmt? Man gebe die Schwerpunktkoordinaten von M im Fall $\varrho = \text{const}$ an und behandle speziell $\vartheta_0 = \dfrac{\pi}{2}$, $\vartheta_0 = \pi$.

21.23. Wo liegt der Schwerpunkt desjenigen Teiles der Kugel $x^2 + y^2 + z^2 \leq a^2$, der zwischen den Ebenen $z = h$ und $z = a$ liegt $(0 \leq h \leq a)$?

21.24.* Die Punktmenge B sei der im 1. Oktanten gelegene Teil des Ellipsoids
$$\frac{x^2}{a^2} + \frac{y^2}{b^2} + \frac{z^2}{c^2} \leq 1.$$

Wie lauten bei Integration über B die Integrationsgrenzen in

a) kartesischen Koordinaten,   b) Zylinderkoordinaten,

c) elliptischen Zylinderkoordinaten,   d) Kugelkoordinaten,

e) krummlinigen Koordinaten (u, v, w) mit $x = au \cos v \sin w$, $y = bu \sin v \sin w$, $z = cu \cos w$?

f) Berechnen Sie (mit möglichst wenig Aufwand bezüglich der Integration) Volumen und geometrische Schwerpunktkoordinaten von B.

21.25. Wie groß ist das Trägheitsmoment des Kegels $z = a - \sqrt{x^2 + y^2}$, $a > 0$, $z \geq 0$, bezüglich der x-Achse für $\varrho = 1$?

21.26. Durch die Flächen $z = 5\sqrt{x^2 + y^2}$ und $z = 8 - (2x^2 + y^2)$ wird über dem Bereich $B = \{(x, y) \mid x^2 + y^2 \leq 1\}$ der x, y-Ebene ein endlicher Körper begrenzt. Man bestimme das geometrische Trägheitsmoment dieses Körpers bezüglich der z-Achse.

21.27. Welches geometrische Trägheitsmoment besitzt der von den Flächen $x = 0$, $y = 0$, $z = 0$ und $\dfrac{x}{a} + \dfrac{y}{b} + \dfrac{z}{c} = 1$ begrenzte Körper bezüglich der x-Achse $(a, b, c > 0)$?

21.28. Berechnen Sie das Trägheitsmoment einer homogenen Viertelkreisplatte mit dem Radius R und der Dicke D für $\varrho = 1$

a) in bezug auf die Kante der Länge D, die im Kreismittelpunkt senkrecht zur Plattenebene steht,

b) in bezug auf eine Kante der Länge R.

21.29. Das Trägheitsmoment eines geraden Kreiskegels (Höhe h, Grundkreisradius R) ist bezüglich eines Grundkreisdurchmessers zu berechnen ($\varrho = 1$).

21.30. Von dem durch die angegebenen Flächen begrenzten Körper berechne man das Trägheitsmoment bezüglich der z-Achse:

a) $x + y + z = a \sqrt{2}$, $x^2 + y^2 = a^2, (a > 0)$ und $z = 0$ mit $\varrho = 1$,

b) $x - y - z = 0$, $z \geqq 0$, $x^2 + y^2 = 4$ und $z = 0$ mit $\varrho(x, y, z) = 3z$.

21.31.* Aus dem Zylinder $(x - a)^2 + y^2 \leqq a^2$, $0 \leqq z \leqq c$, wird der Zylinder $(x - b)^2 + y^2 \leqq b^2$, $0 \leqq z \leqq d$, ausgebohrt ($a > b > c$, $c \geqq d$, Dichte $\varrho = 1$). Wie groß ist das Trägheitsmoment des entstehenden Hohlkörpers bezüglich der z-Achse?

21.32. Für den durch $x^2 + y^2 + z^2 = R^2$, $z \geqq 0$ und $z = (\tan \alpha) \sqrt{x^2 + y^2}$, $0 < \alpha < \dfrac{\pi}{2}$, begrenzten Bereich B gebe man die Integrationsgrenzen für $I = \iiint\limits_B f(P)\, db$ in

a) kartesischen,   b) Kugel-,   c) Zylinderkoordinaten an.

Zur Berechnung für I im Fall $f(P) \equiv 1$ benutze man geeignete Koordinaten. Welcher bekannte Wert ergibt sich für $\alpha \to +0$?

21.33. Durch $x^2 + y^2 + z^2 = a^2$, $x^2 + y^2 + z^2 = b^2$, $0 < a < b$, $z \geqq 0$ und die x,y-Ebene wird eine Halbkugelschale begrenzt. Man berechne ihr statisches Moment bezüglich der x,y-Ebene und gebe die Schwerpunktkoordinaten an ($\varrho = 1$). Welche Lage des Schwerpunktes erhält man in den Spezialfällen

a) $a \to + 0$,   b) $a \to b - 0$?

21.34.* In der x,z-Ebene ist der Kreis K mit dem Radius R und dem Mittelpunkt $(a; 0)$ gegeben, wobei $a > R > 0$ gelte. Durch Rotation der von K begrenzten Kreisfläche um die z-Achse entsteht ein Torus.

a) Man beschreibe den Torus mit Hilfe von Zylinderkoordinaten.

b) Welches geometrische Trägheitsmoment hat der Torus bezüglich der z-Achse?

22.   Kurven- und Oberflächenintegrale

22.1. Man berechne die Bogenlänge folgender Kurven:

a) $x = e^t \cos t$, $\quad y = e^t \sin t$, $\quad z = e^t$, $\quad 0 \leq t \leq b$,

b) $x = (t^2/2) - t + 2$, $\quad y = (4/3)t^{3/2}$, $\quad 1 \leq t \leq 5$,

c) $y = (x^2/4) - \ln \sqrt{x}$, $\quad 1 \leq x \leq 2$,

d) $x = a \cos^3 t$, $\quad y = a \sin^3 t$, $\quad a > 0$, $\quad 0 \leq t \leq 2\pi$ (Astroide),

e) $y = a \cos h(x/a)$, $\quad a > 0$, $\quad 0 \leq x \leq b$,

f) $x = 6t^2 + 4$, $\quad y = 2t^3 - 2$, $\quad 0 \leq t \leq 2$,

g) $x = 4 \ln t$, $\quad y = 2t + (2/t)$, $\quad 2 \leq t \leq 4$,

h) $x = \ln t$, $\quad y = 2\sqrt{t}$, $\quad 3 \leq t \leq 8$,

i) $y = a \ln[a^2/(a^2 - x^2)]$, $\quad 0 \leq x \leq b < a$, $\qquad$ j) $y = x^{3/2}$, $\quad 0 \leq x \leq b$,

k) $x = \ln(2t + (1 + 4t^2)^{1/2}) - 2$, $\quad y = (1 + 4t^2)^{1/2}$, $\quad a \leq t \leq b$,

l) $y = 3 + \ln(\sin x)$, $\quad \pi/2 \leq x \leq 2\pi/3$,

m) $x = 2a^2 t$, $y = 3abt^2$, $\quad z = 3b^2 t^3$, $\quad 0 \leq t \leq c$,

n) $y = x^2$, $z = (4/3)x^{3/2}$, $\quad 0 \leq x \leq b$,

o) $x = a(\cos t + t \sin t)$, $\quad y = a(\sin t - t \cos t)$, $\quad a > 0, 0 \leq t \leq b$,

p)* $y = \ln x$, $\quad 1 \leq x \leq 3$.

22.2. Man berechne die Bogenlänge folgender Kurven, wobei (r, φ) ebene Polarkoordinaten bezeichnen:

a) $r = a \exp(\beta\varphi)$, $\quad \varphi_1 \leq \varphi \leq \varphi_2$, $\quad a > 0, \beta \neq 0$ (logarithmische Spirale),

b) $r = a(\varphi^2 - 1)$, $\quad a > 0$, $\quad 0 \leq \varphi \leq b$,

c) $r = 2R \cos \varphi$, $\quad R > 0$, $\quad (-\pi/2) \leq \varphi \leq \pi/2$,

d) $r = a(1 + \cos \varphi)$, $\quad a > 0$, $\quad 0 \leq \varphi \leq 2\pi$ (Kardioide),

e)* $r = a(e^\varphi - 1)/(e^\varphi + 1)$, $\quad a > 0$, $\quad 0 \leq \varphi \leq \varphi_1$.

22.3. Für folgende Kurven sind die Koordinaten des geometrischen Schwerpunktes zu berechnen:

a) $x = a \cos t$, $\quad y = a \sin t$, $\quad z = (h/2\pi)t$, $\quad a > 0$, $\quad 0 \leq t \leq b$,

b) $x = a \cos^3 t$, $\quad y = a \sin^3 t$, $\quad a > 0$, $\quad 0 \leq t \leq \pi/2$,

c) $y = a \cosh(x/a)$; $\quad 0 \leq x \leq a$,

d) $C = C_1 \cup C_2$, $\quad C_1 : x = R \cos \varphi$, $\quad y = R \sin \varphi$, $\quad R > 0$, $\quad -\pi/2 \leq \varphi \leq \pi/2$, $\quad C_2 : x = t$,
$\quad y = -R, -a \leq t \leq 0, a$ derart, daß der Schwerpunkt von C auf der y-Achse liegt,

e) Kreisbogen, Radius R, Öffnungswinkel α,

f)* $x = \cos t$, $\quad y = \sin t$, $\quad z = \cosh t$, $\quad 0 \leq t \leq 2\pi$.

22.4. Mit einer Guldinschen Regel bestimme man den Inhalt der Rotationsflächen A:

a) A wird erzeugt von einem in der (x, y)-Ebene liegenden Rechteck (Seitenlängen a und b, der Mittelpunkt hat die x-Koordinate $c > 0$, die x-Koordinaten der Eckpunkte seien alle positiv) durch Rotation um die y-Achse.

b) A wird erzeugt von der folgenden in der (x,y)-Ebene liegenden Kurve C durch Rotation um die y-Achse. C entsteht aus dem Streckenzug, der mit $a > d > 0$, $b > 0$, $c > 0$ nacheinander zu den Eckpunkten $P_1(c,0)$, $P_2(c,d/2)$, $P_3(c + b, d/2)$, $P_4(c + b, a/2)$, $P_5(c + b + a, 0)$ führt, durch Vereinigung mit dessen Spiegelbild an der x-Achse. Zahlenwerte $a = 9$, $b = 6$, $c = 4$, $d = 5$ (Bild 22.1).

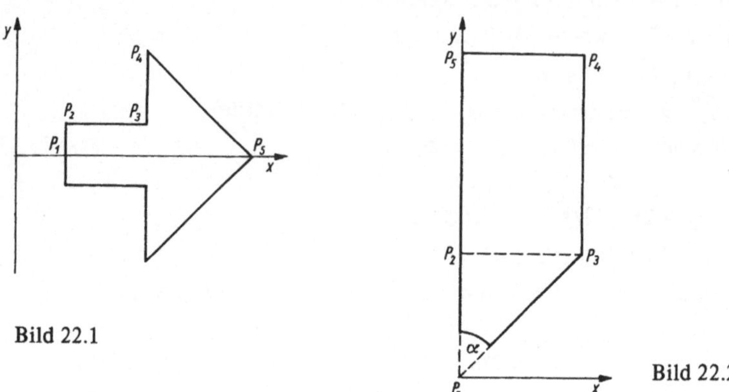

Bild 22.1

Bild 22.2

c) Man behandle b) mit $C_3 = C_1 \cup C_2$, wobei $C_1 : y = a$, $0 \leq x \leq 2a$, $C_2 : (x - 2a)^2 + y^2 = a^2$, $x \geq 2a$, $y \geq 0$ ist und C aus der Vereinigung von C_3 mit dessen Spiegelbild an der x-Achse entsteht.

d)* A wird erzeugt von der Randkurve C eines in der (x,y)-Ebene liegenden Flächenstücks B durch Rotation um die y-Achse. B entsteht durch Wegnehmen der Sektorfläche $x = r\cos\varphi$, $y = r\sin\varphi$, $0 \leq r \leq a$, $0 < (\pi/2) - \alpha \leq \varphi \leq \pi/2$ von der Vereinigung einer Dreiecksfläche D (Eckpunkte von D: $P_1(0;0)$, $P_2(0;(d/2)\cot\alpha)$, $P_3(d/2; (d/2)\cot\alpha)$) $((d/2)\cot\alpha > a$; der Winkel von D bei P_1 ist also gleich α) mit einer Rechteckfläche (Eckpunkte: P_2, P_3, P_4 $(d/2;\ h + (d/2)\cot\alpha)$, $P_5(0; h + (d/2)\cot\alpha)$ $[h > 0]$). Zahlenwerte $h = 20$, $d = 10$, $a = 2$, $\alpha = 45°$ (Bild 22.2).

e)* A wird erzeugt durch Rotation der Kurve $x = \varphi\cos\varphi$, $y = \varphi\sin\varphi$, $-3\pi/2 \leq \varphi \leq 3\pi/2$ um die Gerade $x = 5$ (Bild 22.3).

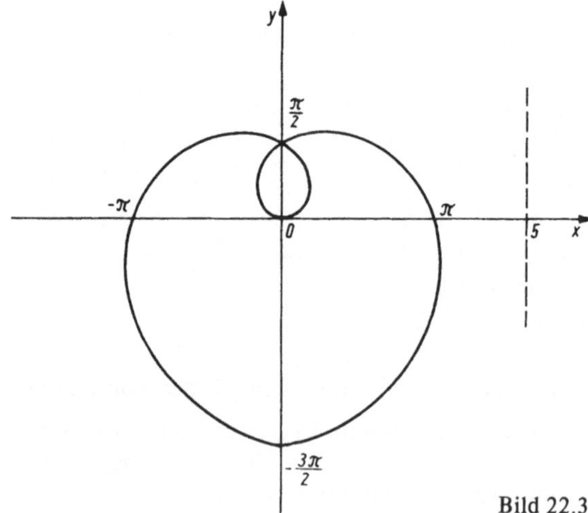

Bild 22.3

22.5. a) Längs eines in der vertikalen (x, y)-Ebene (y-Achse nach oben) liegenden Kreis-bogenstücks C: $g = r = R \cos \varphi\, e_x + R \sin \varphi\, e_y$, $\pi/4 \leqq \varphi \leqq \pi$ wirkt – etwa infolge dar-überstehenden Wassers $x = R \cos \varphi$, $R \sin \varphi \leqq y \leqq 2R$ – die Linienbelastung $F = -a(2R - y)n$ mit $n = r/R$, $a > 0$. Gesucht sind der absolute Betrag und die Richtung einerseits von der resultierenden Kraft $\int F\, ds$ und andererseits vom resultierenden Moment $\int r \times F\, ds$ (Bild 22.4).

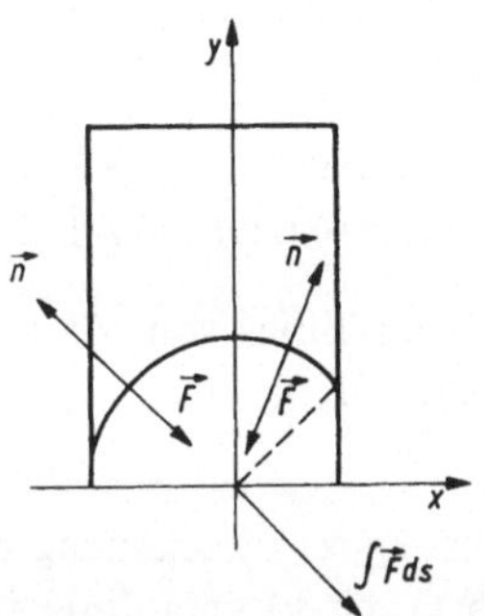

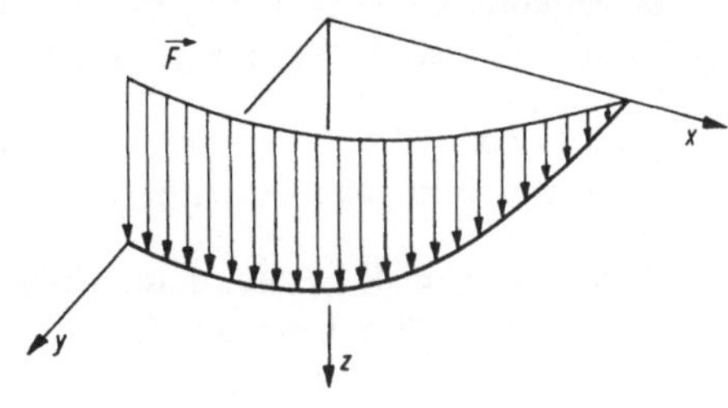

Bild 22.4   Bild 22.5

b) Längs C: $g = r = a(\cos \varphi\, e_x + \sin \varphi\, e_y)$ $(a > 0)$, $0 \leqq \varphi \leqq \pi/2$ wirkt $F = (2p/\pi)\, \varphi\, e_z$, $p = \text{const} > 0$. Man berechne $R = \int F\, ds$ und $M = \int r \times F\, ds$. Die Wirkungslinie W von R ist durch $r_W \times R = M$ (r_W: Ortsvektoren der Punkte von W) festgelegt. Wo durchstößt W die (x, y)-Ebene (Bild 22.5)?

22.6. Man berechne die folgenden Kurvenintegrale:

a) $\displaystyle\int_{(0;0;0)}^{(1;1;1)} ((x + y + z)\, dx + (3x + 2y - z)\, dy + (5x - y + z)\, dz)$ längs α) einer Geraden; β) längs eines in $(1;0;0)$ und $(1;1;0)$ gebrochenen Streckenzuges,

b) $\displaystyle\int_{(0;1)}^{(1;0)} (y^2\, dx - x^2\, dy)$ längs α) einer Geraden; β) des Einheits-Viertel-Kreisbogens,

c) $\displaystyle\int_{(0;0)}^{(1;1)} (y\, dx + (y - x)\, dy)$ längs der Kurven α) $x = t$, $y = t$; β) $x = t^2$, $y = t$; γ) $x = t$, $y = t^2$; δ) $x = t$, $y = t^3$; ε) $y = x^n$; ζ)* $y = \sin(\pi x/2)$,

d) $\displaystyle\int_{(0;0;0)}^{(1;1;1)} (y\, dx - (x - y)\, dy + x\, dz)$ α) geradlinig; β) längs des in $(0;1;0)$ und $(0;1;1)$ ge-brochenen Streckenzuges; γ) längs des in $(0;1;1)$ gebrochenen Streckenzuges,

e) $\displaystyle\int_{(1;0)}^{(0;1)} F\, dx = \int_{(1;0)}^{(0;1)} F\, dr$ mit $F = (x + y)\, e_x + (x^2 + y^2)\, e_y$ α) geradlinig; β) längs des in $(0;0)$ gebrochenen Streckenzuges; γ) längs des Viertelkreisbogens mit dem Mittel-punkt $(0;0)$; δ) längs des Dreiviertelkreisbogens mit dem Mittelpunkt $(0;0)$; ε)* längs $y = (1 - x)^n$.

22.7. Aus den folgenden Kurvenintegralen greife man diejenigen heraus, deren Integran-den totale Differentiale einer Funktion Φ sind. Man bestimme Φ und berechne hiermit das jeweilige Integral. Die übrigen Kurvenintegrale werte man unmittelbar aus.

a) $\displaystyle\int_{(0;0)}^{(2;4)} (x\,dx + y\,dy)$ längs $\alpha)$ $y = x^2$; $\beta)$ der geradlinigen Verbindung; $\gamma)$ des in $(2;0)$ gebrochenen Streckenzuges.

b) $\int ((x^2 + y)\,dx + (x - y^2)\,dy)$ mit dem Integrationsweg

$\alpha)$ $a^{-2}x^2 + b^{-2}y^2 = 1$ (mathematisch positiv orientiert);

$\beta)$ geradlinig von $(1;1;-7)$ nach $(a;a;a)$;

$\gamma)$ $g = r = 2\cos(3t)\,e_x + 4\sin(3t)\,e_y + \pi t e_z$, $0 \le t \le 2\pi$.

c) $\int (\cos x \cosh y\,dx + \sin x \sinh y\,dy)$ mit dem Integrationsweg $\alpha)$ $a^{-2}x^2 + b^{-2}y^2 = 1$ (mathematisch positiv orientiert); $\beta)$ geradlinig von $(0;2;-4)$ nach $(\pi/2;\ln 2;9)$.

d) $\int (xe^y\,dx - ye^x\,dy)$ mit dem Integrationsweg $\alpha)$ geradlinig von $(0;1;2)$ nach $(1;0;-1)$; $\beta)$ Streckenzug von $(0;1;2)$ über $(1;1;0)$ nach $(1;0;-1)$; $\gamma)$ $g = r = \cos t\,e_x + \sin t\,e_y + (-1 + (6/\pi)t)e_z$, $\pi/2 \ge t \ge 0$.

e) $\int (x^2(1-y)\,dx + (y - (x^3/3)\,dy)$ mit dem Integrationsweg $\alpha)$ Streckenzug von $(0;0)$ über $(1;0)$ nach $(1;1)$; $\beta)$ geradlinig von $(0;0)$ nach $(1;1)$; $\gamma)$ geradlinig von $(0;0)$ nach $(2;0)$ und anschließend längs $y = (x-2)^2$ bis zu $(1;1)$; $\delta)$ längs des Dreiecksrandes von $(0;0)$ über $(1;0)$ und $(1;1)$ nach $(0;0)$.

f) $\int ((3x^2 + 2y^2)\,dx + (4xy - 3z^3)\,dy - 9yz^2\,dz)$ geradlinig von $(1;1;1)$ bis $(2;2;2)$.

g) $\int F d\tilde{x} = \int F d\tilde{r}$, $F = \bar{y}\bar{z}e_x + \bar{x}\bar{z}e_y + \bar{x}\bar{y}e_z$ geradlinig von $(0;0;0)$ bis $(x;y;z)$.

h) $\int F dx = \int F dr$, $F = xyz^{-1}e_x + (x^2(2z)^{-1} + (y - z)^2)e_y - (2^{-1}x^2yz^{-2} + (y - z)^2 + e^{-z})e_z$ mit dem Integrationsweg $\alpha)$ stückweise parallel zu den Koordinatenachsen von $(-2;0;3)$ nach $(0;3;3)$; $\beta)$ geradlinig von $(-2;0;3)$ nach $(a;b;c)$ $(c > 0)$.

i) $\int F dr$, $F = 2xze_x + (2x - 11z + 1)y^{-1}z^{-2}e_y - 3yze_z$ längs $r = t^2e_x + (t + 1)e_y + (t - 2)e_z$, $0 \le t \le 1$.

j) $\int F(\bar{r})\,d\bar{r}$, $F(\bar{r}) = K\bar{r}^{-3}\bar{r}$ $(\bar{r} = |\bar{r}|)$. Der Integrationsweg – auf dem $(0,0,0)$ nicht liegt – beginnt in (x_0, y_0, z_0) und endet in (x, y, z) mit $\alpha)$ $(x_0, y_0, z_0) = (1;1;0)$; $\beta)$ mindestens eine der Koordinaten von (x_0, y_0, z_0) strebt nach $+\infty$ oder $-\infty$. (Das Ergebnis ist – eventuell abgesehen vom Vorzeichen – das Potential einer Punktmasse bzw. Punktladung.)

k)* $\int (-y(x^2 + y^2)^{-1}\,dx + x(x^2 + y^2)^{-1}\,dy + \cos z\,dz)$ längs $r = a\cos t\,e_x + b\sin t\,e_y + te_z$ $(a > 0, b > 0)$ mit $\alpha)$ $-\pi/2 \le t \le \pi/2$; $\beta)$ $\pi/2 \le t \le 3\pi/2$; $\gamma)$ $-\pi/2 \le t \le 3\pi/2$.

l) $\int F(\bar{r})\,d\bar{r}$, $F = [(\exp \bar{z})\sin \bar{y} + (2/\bar{x})]\,e_x + [\bar{x}(\exp \bar{z})\cos \bar{y} + (1/\bar{y})]\,e_y + [\bar{x}(\exp \bar{z})\sin \bar{y}]\,e_z$. Der Integrationsweg, auf dem kein Punkt der $\bar{z}$-Achse liegt, beginnt im Punkt $(1;1;0)$ und endet in (x,y,z).

m) $-\int F(\bar{r})\,d\bar{r}$, $F = (3\bar{x}^2\bar{y}^2\bar{z} + 6\bar{y}^2)\,e_x + (2\bar{x}^3\bar{y}\bar{z} + 12\bar{x}\bar{y} - 8\bar{y}\bar{z}^3)\,e_y + (\bar{x}^3\bar{y}^2 - 12\bar{y}^2\bar{z}^2)\,e_z$. Der Integrationsweg beginnt im Punkt $(-1/6;1;0)$ und endet in (x,y,z), (vgl. 19.14.d)).

22.8. Es ist der Flächeninhalt der Flächenstücke gesucht, deren Punkte (x, y, z) den Relationen genügen:

a) $4 \leq x \leq 5$, $2 \leq y \leq x/2$, $z = -2x + y - 2$,

b) $4 \leq x \leq 5$, $2 \leq y \leq x/2$, $z = (2xy)^{1/2}$,

c) $0 \leq x \leq 1$, $-x \leq y \leq x$, $z = (2/3)\sqrt{2}\,(x + y)^{3/2}$,

d) $|x| + |y| \leq 1$, $z = x^2$, beachte: $\int (1 + x^2)^{1/2}\,dx = (1/2)\,(x(1 + x^2)^{1/2}$
      $+ \ln(x + (1 + x^2)^{1/2}))$,

e) $x^2 + y^2 \leq a^2$, $a > 0$, $z = xya^{-1}$ (Zylinderkoordinaten!),

f) $x^2 + y^2 = 4$, $0 \leq z \leq x^2|y|$ (Zylinderkoordinaten!),

g) $x + y + z = 2$, $0 \leq y \leq 3$, $-1 \leq z \leq 1$,

h) $r(u, v) = u^2 e_x - uv e_y + (v^2/2)e_z$, $-2 \leq u \leq 0$, $u \leq v \leq -u$,

i) $z = 5 - (1/9)(x^2 + y^2)$, $z \geq 1$ (Zylinderkoordinaten!), (Bild 22.6),

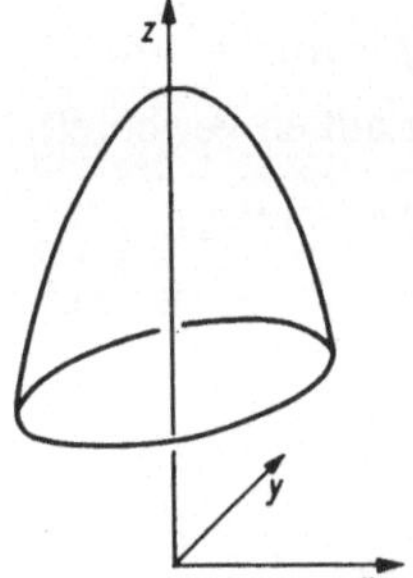
Bild 22.6

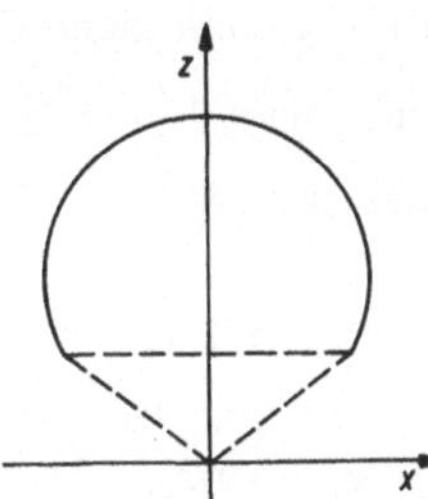
Bild 22.7

j)* $z^2 \geq a^2(x^2 + y^2)$, $a > 0$, $z \geq 0$, $x^2 + y^2 + (z - c)^2 = c^2$, $c > 0$. Kugelkoordinaten (r, ϑ, φ) mit $r = c$ einführen, wobei $r = 0$ den Punkt mit den kartesischen Koordinaten $0; 0; c$ angibt (Bild 22.7).

22.9. Gesucht ist die Masse der Oberfläche $x^2 + y^2 + z^2 = R^2$, $z \geq 0$, die folgende Dichte besitzt:

a) $\varrho = \varrho_0 \arccos(z/R)$,   b)* $\varrho = \varrho_0(x^2 + y^2)\arccos(z/R)$ (Zylinderkoordinaten!).

22.10.* Gesucht ist das geometrische Trägheitsmoment (Dichte gleich 1 Einheit) bezüglich der z-Achse des Flächenstücks $-R \leq d_1 \leq z \leq d_2 \leq R$, $x^2 + y^2 + z^2 = R^2$ (Kugelkoordinaten!).

22.11. Man berechne das Oberflächenintegral 2. Art $(dA = df = n\,dA = n\,df)\ \iint F\,dA$ für das Oberflächenstück

a) $z = x^2 + y^2$, $0 \leq z \leq 4$, $e_z \cdot dA < 0$ (Zylinderkoordinaten!, Bild 22.8) mit
    $\alpha)$ $F = (x^2 + y^2)^{1/2}e_x$; $\beta)$ $F = xe_x + ye_y + (z - 1)e_z$;
    $\gamma)$ $F = xye_x + yze_y + (y^2 - x^2)e_z$;
    $\delta)$ $F = (2\pi\varphi - \varphi^2)e_r$, wobei $x = r\cos\varphi$, $y = r\sin\varphi$, $e_r = \cos\varphi\,e_x + \sin\varphi\,e_y$,

b) $z = (x + 1)^2 + y^2$, $z \leq 2 + 2x$, $e_z \cdot dA < 0$ (Zylinderkoordinaten!) mit
    $\alpha)$ $F = xe_x + ye_y + ze_z$; $\beta)$ $F = -2e_x - xe_y$,

c) $(x^2/16) + (y^2/9) = z^2$, $x \geq 0$, $y \geq 0$, $0 \leq z \leq 2$ (Parameterdarstellung der Ellipse (x^2/a^2) $+ (y^2/b^2) = 1$ ist $x = a\cos\varphi$, $y = b\sin\varphi$), $e_z \cdot dA < 0$ mit $F = (4x + z)e_x - (4z + 1)e_z$ (Bild 22.9).

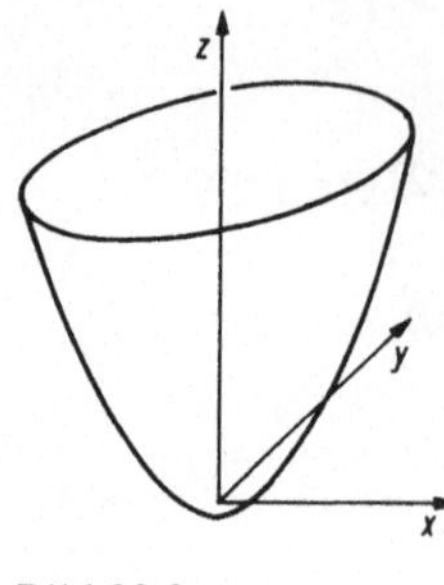

Bild 22.8

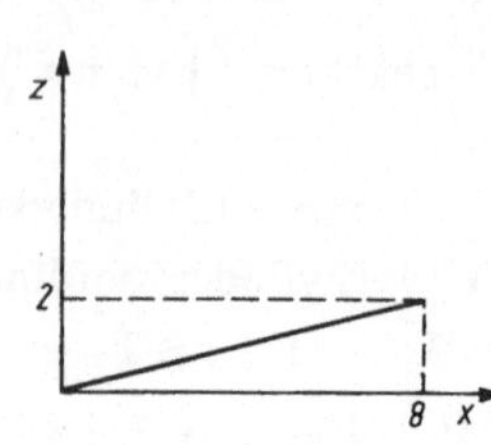
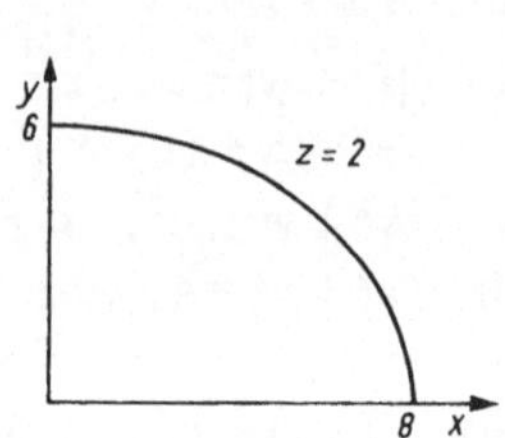

Bild 22.9

22.12. Man berechne das Oberflächenintegral 2. Art $(dA = df = n\,dA = n\,df)$

$\iint F\,dA = \oiint F\,dA$ für die geschlossene Oberfläche (dA nach außen gerichtet)

a) des Würfels $|x| \leq 1$, $\quad |y| \leq 1$, $\quad |z| \leq 1$ $\quad$ mit $\quad F = xe_x + ye_y + yz^2 e_z$,

b)* $A = A_1 \cup A_2$, wobei A_1: $z = 5 - (1/9)(x^2 + y^2)$, $z \geq 1$ und A_2: $z = 1$, $(x^2 + y^2) \leq 36$ (Bild 22.6) mit

   α) $F = 4x^2 yz e_x + (5y - xy^2)z e_y - (2 + 3xy)z^2 e_z$;

   β) $F = (xy - x^2)e_x + (x^2 + y^2)e_y$;

   γ) $F = x(x^2 + y^2)^{1/2} e_x + xyz e_y$; $\quad$ δ) $F = xe_x - ye_y + 2(z - 5)e_z$.

23. Integralsätze

23.1. Man behandle 22.12.a) mittels des Integralsatzes von Gauß.

23.2. A sei die Oberfläche desjenigen räumlichen beschränkten Bereiches, der von den Flächen $y = x^2 + 1$, $y = 2x + 4$, $z = 0$, $z = -x + 6$ begrenzt wird. Man berechne mittels des Integralsatzes von Gauß $\oiint F\,\mathrm{d}A = \oiint Fn\,\mathrm{d}A = \oiint F\,\mathrm{d}f = \oiint Fn\,\mathrm{d}f =$ ($\mathrm{d}A$ weist nach außen) mit $F = (4x^2 - 2yz)\,e_x + (x - 2y\,(\cos z)^{-2})\,e_y + (3y + 2\tan z - 3xz)\,e_z$.

23.3. Der Rauminhalt von V: $(x/a)^2 + (y/b)^2 + (z/c)^2 \leq 1$, $(a > 0, b > 0, c > 0)$ kann durch $(1/3) \iiint \operatorname{div}(xe_x + ye_y + ze_z)\,\mathrm{d}V$ angegeben werden (warum?). Das Integral ist mittels des Integralsatzes von Gauß auszuwerten und hierbei die Parameterdarstellung $x = a\sin\vartheta\cos\varphi$, $y = b\sin\vartheta\sin\varphi$, $z = c\cos\vartheta$ zu benutzen.

23.4. Durch direktes Ausrechnen bestätige man den Integralsatz von Gauß beim Vorliegen der Kugel (Mittelpunkt $(0;0;0)$, Radius R) und des Vektorfeldes

a) $r = xe_x + ye_y + ze_z$, b) $rr(r = |r|)$, c) $f(r)r$.

23.5. Man berechne $\oiint F\,\mathrm{d}A$ ($\mathrm{d}A$ nach außen gerichtet) mittels des Integralsatzes von Gauß:

a) $F = (xz + (x^3/3))e_x + 2ze^{xy}e_y + (zy^2 - (z^2/2) - xz^2e^{xy})e_z$ mit $A = A_1 \cup A_2$, wobei
   A_1: $z = (x^2 + y^2)^{1/2}$, $0 \leq z \leq \sqrt{2}$; A_2: $x^2 + y^2 \leq 2$, $z = \sqrt{2}$, (Bild 23.1),

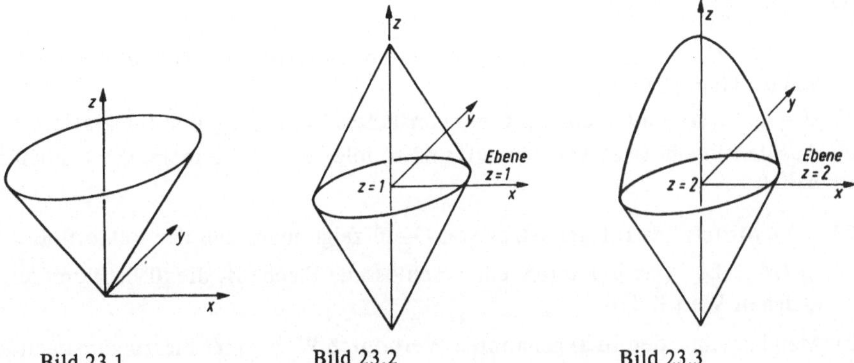

Bild 23.1   Bild 23.2   Bild 23.3

b) F wie in a); $A = A_1 \cup A_2$ mit A_1: $z = (x^2 + y^2)^{1/2}$, $0 \leq z \leq 1$;
   A_2: $z = 2 - (x^2 + y^2)^{1/2}$, $1 \leq z \leq 2$, (Bild 23.2),

c) F wie in a); $A = A_1 \cup A_2$ mit A_1: $z = (x^2 + y^2)^{1/2}$, $0 \leq z \leq 2$; A_2: $z = 6 - x^2 - y^2$, $2 \leq z \leq 6$, (Bild 23.3),

d) F wie in a); $A = A_1 \cup A_2 \cup A_3$ mit A_1: $z = (x^2 + y^2)^{1/2}$, $0 \leq z \leq 2$; A_2: $z = -1$, $x^2 + y^2 \leq 4$; A_3: $x^2 + y^2 = 4$, $-1 \leq z \leq 2$, (Bild 23.4),

e) 22.12.bα),

f) $F = xze_x + ze_y + yze_z$, $A = A_1 \cup A_2$, A_1: $z = (x - 1)^2 + (y - 2)^2$, $0 \leq z \leq 4$; A_2: $z = 4$, $(x - 1)^2 + (y - 2)^2 \leq 4$, (Bild 23.5),

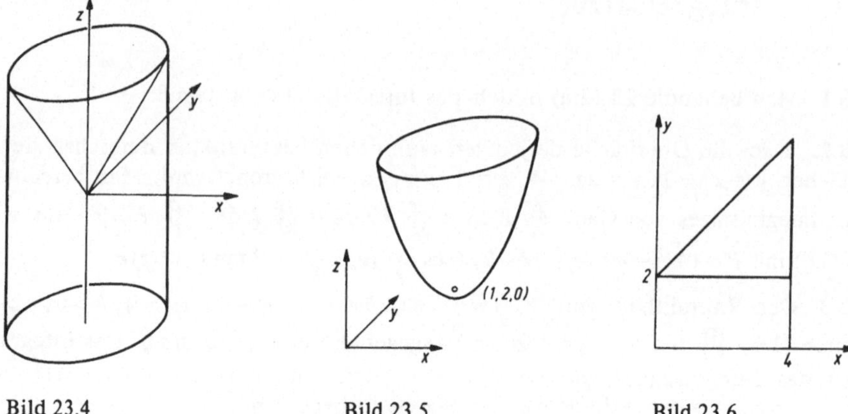

Bild 23.4   Bild 23.5   Bild 23.6

g) $F = (2y\cos x + 4x^2)e_x + (y^2\sin x - 3xz^2)e_y + (\exp(xy^2) - 6xz)e_z$, A = Oberfläche eines Körpers, der begrenzt wird von den Ebenen $y = x + 2$, $y = 2$, $x = 4$, $z = 0$, $3x + 6y + z = 60$, (Bild 23.6),

h) $F = [(\ln y)\cos(z^3)]e_x + 5x^2yz\,e_y - [\sinh(e^y) + \cosh(xy^2)]e_z$, A = Oberfläche eines Körpers, der begrenzt wird von den Flächen $z = 2$, $z = 3$, $x^2 + y^2 = 16$,

i) $F = (\ln(yz^2))^3 e_x + \exp(\cos x)e_y + (1/3)yz^3 e_z$, A wie in h),

j) $F = f(r)\,(r \times e_z)$, $r = |r|$, $r = xe_x + ye_y + ze_z$, $f(r)$ differenzierbar, A = Oberfläche eines beliebigen beschränkten Körpers.

23.6. Man formuliere für

a) $F = UC$ (U: beliebiges Skalarfeld, C: beliebiges konstantes Vektorfeld) den Integralsatz von α) Gauß; β) Stokes,

b) $F = B \times C$ (B ein beliebiges, C ein konstantes Vektorfeld) den Integralsatz von Gauß.

c) Aus den Ergebnissen von aα), aβ) und b) folgere man Formeln, die C nicht mehr enthalten.

23.7. a) Mittels des Integralsatzes von Gauß zeige man, daß der Vektorfluß

$\oiint (r/r^3)\,\mathrm{d}A$ ($r = |r|$) durch jede geschlossene Fläche A, die $(0;0;0)$ umfaßt, stets den gleichen Wert liefert.

b) Man berechne den in a) genannten Wert durch Wahl einer hierzu günstigen Fläche A.

23.8. Man berechne $\iint \mathrm{rot}\,F\mathrm{d}A$ α) mittels des Integralsatzes von Stokes; β)* direkt für

a) $F = -e_x + (x/2)z^2 e_y + xe_z$, $A: x^2 + y^2 + z^2 = 4$, $z \geqq \sqrt{3}$, $e_z \cdot \mathrm{d}A > 0$,

b) F wie in a), $z = \sqrt{3}$, $x^2 + y^2 \leqq 1$, $e_z \cdot \mathrm{d}A < 0$.

c) Man behandle b) unter Benutzen des Ergebnisses von a) mittels des Gaußschen Integralsatzes.

d) $F = \sqrt{2}\,xyz^{-1}e_x + (y^2 - x^2)e_y + x^2ze_z$, $A:\ x^2 + y^2 \leqq z \leqq 2$, $y = x$, $x \geqq 0$, $e_y \cdot \mathrm{d}A < 0$, (Bild 23.7),

e) $F = xze_x - xye_y + 3xyz^2 e_z$, $A:\ (x^2/4) + (y^2/9) - (z^2/16) = 1$, $x \geqq 0$, $y \geqq 0$, $0 \leqq z \leqq 4$, $e_z \cdot \mathrm{d}A < 0$, (Bild 23.8),

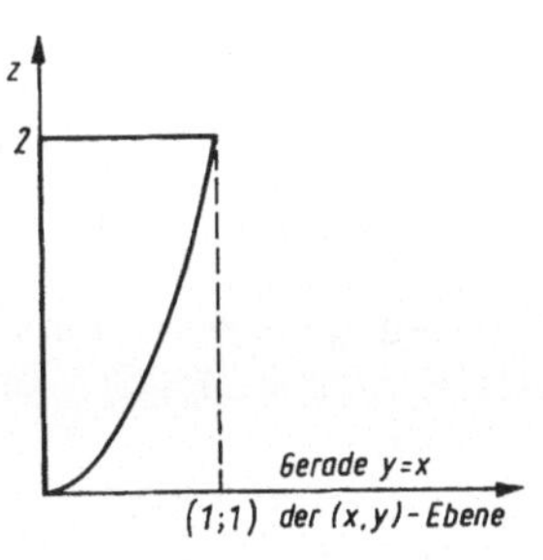

Bild 23.7

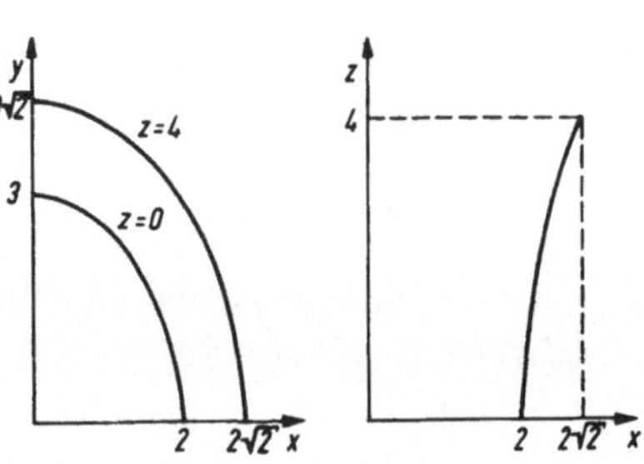

Bild 23.8

f) $F = (x + y)e_x - 4xze_y + yze_z$, A: $(x^2/16) + (y^2/9) - z^2 = 0$, $x \geqq 0$, $y \geqq 0$, $0 \leqq z \leqq 2$,
   $e_z \cdot dA < 0$ (Bild 22.9),

g) $F = x^2y^3e_x + 3x^3y^2e_y$, $A: z = (R^2 - x^2 - y^2)^{1/2}$, $x^2 + y^2 \leqq R^2$, $e_z \cdot dA > 0$.

23.9. $\oint (x(1 - z)dx + (y + z)dy - (y - z^2)dz)$ ist längs derjenigen geschlossenen Kurve C zu erstrecken, die sich als Schnitt der Flächen $z = (x + 1)^2 + y^2$ und $z = 2(x + 1)$ ergibt und deren Projektion in die (x,y)-Ebene im mathematisch positiven Sinn orientiert ist. Die Berechnung erfolge a) direkt, b) mittels des Integralsatzes von Stokes.

23.10. Man berechne $\oint F dr$ für $F = f(r)r$ $(r = |r|, r = xe_x + ye_y + ze_z)$ längs der Kanten eines achsenparallelen Quadrates der (x,y)-Ebene mit der Kantenlänge 1 und dem Zentrum $(0;0)$ (mathematisch positiv orientiert) mittels des Integralsatzes von Stokes.

23.11.* In einer Flüssigkeitsströmung mit dem Geschwindigkeitsfeld

$$v = \sum_{k=1}^{3} v_k(x_1, x_2, x_3)e_k$$ ist zum Zeitpunkt $t = 0$ ein Bereich V_0 durch die kartesischen Koordinaten (u_1, u_2, u_3) seiner Punkte gegeben. Diese wandern längs der Bahnkurven

$$r(u_1, u_2, u_3, t) = \sum_{k=1}^{3} x_k(u_1, u_2, u_3, t)e_k \quad (\partial r/\partial t = v)$$ und bilden zum Zeitpunkt t den Bereich V_t (Bild 23.9).

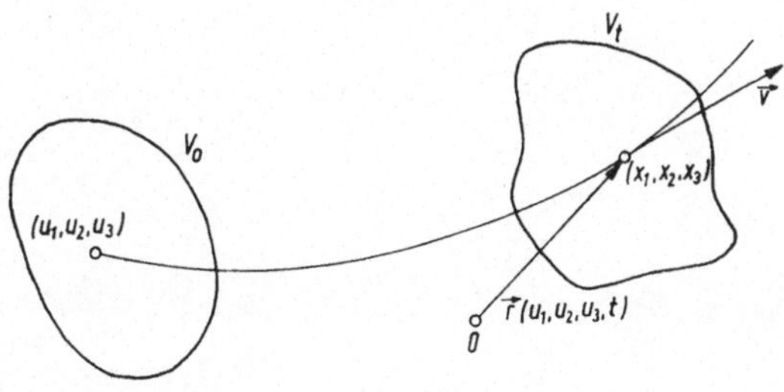

Bild 23.9

a) Man zeige:

$$\frac{\mathrm{d}}{\mathrm{d}t} \iiint_{V_t} U(x_1, x_2, x_3)\,\mathrm{d}V_t = \iiint_{V_t} (v\,\mathrm{grad}\,U + U\,\mathrm{div}\,v)\,\mathrm{d}V_t = \iiint \mathrm{div}(Uv)\,\mathrm{d}V_t = \iint Uv\,\mathrm{d}A.$$

Zum Beweis gehe man von

$$\iiint_{V_t} U\,\mathrm{d}V_t = \iiint_{V_0} U(x_1(u_1, u_2, u_3, t), x_2(\ldots), x_3(\ldots))\,\frac{\partial(x_1, x_2, x_3)}{\partial(u_1, u_2, u_3)}\,\mathrm{d}V_0$$

aus.

b) Wie ist das Ergebnis von a) im Fall $U = U(x_1, x_2, x_3, t)$ zu erweitern?

c) Man identifiziere in b) das U mit der Dichte ϱ der Strömung und benutze, daß die Masse von V_t sich bei variablen t nicht ändert.

d) Da V_t beliebig ist, folgt aus $\iiint (\ldots)\mathrm{d}V_t = 0$ das Verschwinden des Integranden. Welcher partiellen Differentialgleichung genügt daher ϱ aus c)?

e) Wie spezialisiert sich d), falls eine inkompressible, d. h. unzusammendrückbare Flüssigkeitsströmung vorliegt, also $\iiint \mathrm{d}V_t = \mathrm{const}\,(t \geq 0)$ gilt?

24. Gewöhnliche Differentialgleichungen 1. Ordnung

24.1. Welche der folgenden Gleichungen sind gewöhnliche Differentialgleichungen 1. Ordnung für $y = y(x)$?

a) $y' = \sqrt[3]{x}\, y$,   b) $y' = x\sqrt[3]{y}$,   c) $\ln y' + \ln(e/y') + xy = 0$,

d) $y' = \int\limits_{u=0}^{1} e^{-ux} xy(x)\,\mathrm{d}u$,   e) $y' = \int\limits_{u=0}^{1} e^{-ux} y(u)\,\mathrm{d}u$,

f)* $\left(F(y, z) - z\dfrac{\partial F(y, z)}{\partial z}\right)_{z=y'} = C = \text{const}$ mit $F(y, z) = y(1 + z^2)^{1/2}$, $y > 0$ (durch Rotation von $y = y(x)$ $(a \leqq x \leqq b)$ um die x-Achse entsteht Rotationskörper kleinster Oberfläche),

g)*

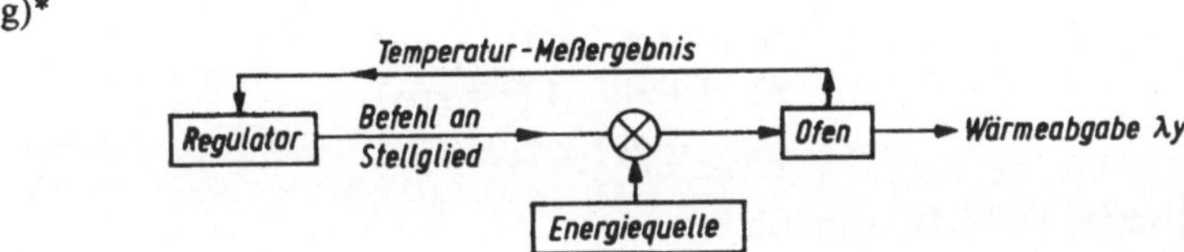

$cy' = N - \lambda y$, y: Temperatur; x: Zeit; c: Wärmekapazität; λ: Koeffizient der Wärmeabgabe; N: zugeführte Leistung. Es ist entweder $N \doteq N_0$ („eingeschaltet") oder $N = 0$ („ausgeschaltet"). Mit den Konstanten y_1 und y_2 $(0 < y_1 < y_2 < N_0/\lambda)$ gilt: Die Leistung N wird (oder ist) eingeschaltet, wenn $y \leqq y_1$, ausgeschaltet, wenn $y \geqq y_2$ ist.

24.2. Man skizziere in der (x, y)-Ebene für die folgenden Differentialgleichungen einige Kurven, in deren Punkten durch die Differentialgleichung jeweils der gleiche Anstieg y' vorgeschrieben wird, d.h., man skizziere einige Isoklinen und versehe sie mit zugehörigen Richtungselementen. Weiterhin sind in den Fällen a) bis d) jeweils alle Lösungen zu bestimmen und einige in das skizzierte Richtungsfeld einzutragen.

a) $y' = 1 + y^2$,   b) $yy' = 1$,   c) $xy' = y$,   d) $yy' = -x$,

e)* $y'^2 + 2My' - 1 = 0$ mit $M = (\sigma_x - \sigma_y)/2\tau_{xy}$, wobei $\sigma_x = \gamma\{(l/h)x + 2(l/h)^2 y\}$, $\tau_{xy} = -\gamma(l/h)y$, $\sigma_y = \gamma y$ $(0 \leqq x \leqq l; -(h/l)x \leqq y \leqq 0)$ ist. (Die Kurven $y(x)$ sind Hauptspannungslinien einer längs $x = l$ eingespannten Konsole unter Eigengewicht (γ: spezifisches Gewicht).) Zahlenwerte: $l = 10$, $h = 4$ (vgl. 24.14.e)* und 24.14.f)*).

24.3. Man bestimme eine Differentialgleichung 1. Ordnung für differenzierbare Funktionen, deren grafische Bilder auf der folgenden Kurvenschar liegen:

a) Alle Kreise, die durch $(0; 0)$ gehen und deren Mittelpunkte auf der x-Achse liegen,

b) $y = a\exp(x/a)$,   c) $y = x + ax^{-1}$ $(a \neq 0)$,   d) $y^2 = (x + a)x$;

e) $y = \ln(1 + ae^{-x})$,

f)* $x = a + t + \sin t$, $y = 1 - \cos t$ (t: Kurvenparameter der Parameterdarstellung der Kurven; a: Scharparameter).

24.4. Gesucht sind die orthogonalen Trajektoren der Kurvenschar (a: Scharparameter)

a) $y^2 - ax = 0$,   b) $x^2 - y^2 = a$.

24.5. Man gebe ein möglichst großes t-Intervall derart an, daß dort die Funktion $h(t)$ $= (g/2)(t - c)^2$, $(g > 0$, c: Konstanten); $\dot{h} = -(2gh)^{1/2}$ erfüllt.

24.6. Man gebe die allgemeine Lösung der folgenden Differentialgleichungen an:

a) $y' = x^2 e^x$,

b) $y' = 2x \exp(x^2)$,

c) $y'(1 + x^2) = \arctan x$,

d)* $y' = |x|^3$.

24.7. Man bestimme alle Lösungen der folgenden Differentialgleichungen:

a) 24.1.a),

b) 24.1.b),

c) 24.1.d),

d) $2x^2 y' + y^2 = 0$,

e) $y' = xy(1 - x^2)^{-1}$,

f) $y' = 2x^3(1 + y^2)$,

g) $y' = e^x y^{-1}$,

h) $y' = (y - 3)\cos x$,

i) $\dot{x} = \sin x$,

j) $\dot{x} = \exp(t - x)$,

k) $t(t + 1)\dot{x} + (t - 2)x^2 = 0$,

l) $x\dot{x} + t^{-2} = 0$,

m) $\varphi' = 4x\varphi^2$,

n) $r^2 + r'^2 = 1$ $(r = r(\varphi))$,

o) $yy' = \exp(-y^2)$,

p) $y' = 9y^2 - 4$,

q)* 24.1.f), beachte: $\int (x^2 - 1)^{-1/2}\, dx = \operatorname{arcosh} x$.

24.8. Man gebe die Lösungen $y = y(x)$ der folgenden Differentialgleichungen in der Gestalt $x = x(y)$ an:

a) $x^2 y^2 y' + 1 = y$,   b) $xy' + 2y = xyy'$,   c) $x^2 y^2 y' = y^2 + 1$.

24.9. Man löse folgende Anfangswertaufgaben:

a) $y' = xy + 2x$, $y(0) = 2$,

b) $y' = (1 + y)^{1/2}$, $y(1) = 3$,

c) $(x^2 - 3)y' - 2\sqrt{3}\, y = 0$, $y(0) = 1$,

d) $zz' = \exp(-z^2)$, $z(0) = -1$,

e) $xyy' + y^2 + 1 = 0$, $y(-1/2) = \sqrt{3}$,

f) $x + yy' = 0$, $y(1) = -\sqrt{3}$,

g) $y' = x^2 y^3$, $y(0) = -1$,

h) $y' = 1 - y^2$ mit $\alpha)\, y(0) = 0$; $\beta)\, y(0) = 1$; $\gamma)\, y(0) = -1$.

24.10. Man bestimme die allgemeine Lösung der linearen homogenen Differentialgleichung:

a) $y' + x^2 y = 0$,

b) $y' = y \tan x$,

c) $t\dot{x} + x = 0$,

d) $2\dot{x} + 5x = 0$,

e) $(2 + x^2)y' + xy = 0$,

f) $(x^2 + x - 2)y' = 3y$.

24.11. Man bestimme die allgemeine Lösung der linearen Differentialgleichung

a) $(x^2 + 2)y' + xy - x(x^2 + 2) = 0$,

b) $(x^2 + 1)y' + xy - x(x^2 + 1) = 0$,

c) $xy' + y = x \sin x$,

d) $y' + (x + 1)^{-1}y = 4e^{2x}$,

e) $y' + y \sin x = 3x^3 \exp(\cos x)$,

f) $2x \cos(x^2) = xy' + y$,

g) $y' - y \cos x = 2 \exp(\sin x)$,

h) $y' + 2y = 25x^2 e^{3x}$.

i) $L\dot{I} + RI = U_0 \sin(\omega t)$, ($I$: Stromstärke, R: Ohmscher Widerstand, L: Induktivität, $U_0 \sin(\omega t)$: Wechselspannung). In der Ergebnisformel sind alle additiven Glieder wegzulassen, die für $t \to \infty$ nach Null streben. Was ergibt sich speziell für $L \to +0$?

24.12. Die folgenden Anfangswertaufgaben sind zu lösen:

a) $y = x(1-x)y' + x^2 + 1$, $\quad y(2) = 5$, $\qquad$ b) $xy' + (y+1)\ln x = 0$, $\quad y(1) = -1$,

c) $(x^2 + 2)y' - 2xy = 3(x^2 + 2)^2$, $\quad y(-1) = 6$,

d) $(t^2 + t - 2)\dot{x} - 3x - (t-1)^2 = 0$, $\quad x(0) = -1$,

e) $y' = y\tan x + 1$, $\quad y(\pi/4) = 1 + \sqrt{2}$,

f) $xy' + y + xe^x = 0$, $\quad y(1) = 0$, $\qquad$ g) $y' + x^2 y = x^2$, $\quad y(2) = 1$,

h) $(t^2 - 1)\dot{x} = x + (t^2 - 1)^{1/2}$, $\quad x(2) = 1$,

i) $y' + y\cos x - \sin x \cos x = 0$, $\quad y(0) = 1$,

j)* 24.1.g) mit $y(0) = 0$. Es gibt x_0 derart, daß $y(x + T) = y(x)$ $(x_0 \leqq x < \infty)$ gilt. Wie groß ist T?

24.13. Welche Lösungskurve $y = y(x)$ genügt $y' + 2xy = g(x)$ und geht durch P, falls $g(x)$ bzw. P gleich sind:

a) $2x\exp(-x^2)$, $\quad P(0;1)$, $\qquad$ b) $2x$, $\quad P(1; 1 + (2/e))$,

c) $\exp(-x^2)$, $\quad P(1; e^{-1})$, $\qquad$ d)*$2x(x^2 + 1)$, $\quad P(0;1)$?

24.14. Man zeige, daß die folgenden Differentialgleichungen in der Gestalt $y' = f(y/x)$ (Ähnlichkeits-Differentialgleichung) angebbar sind. Mit $y(x) = x \cdot z(x)$ leite man jeweils eine Differentialgleichung für $z(x)$ her. In den Fällen a) bis d)* ist danach $z = z(x)$ und damit $y = y(x)$ zu berechnen.

a) $x^2 + xy + y^2 - x^2 y' = 0$, $\quad y(-e) = -e\tan 1$,

b) $x^3 yy' = x^2 y^2 + y^4$, $\qquad$ c) $xy' = y(\ln y - \ln x)$,

d)* $(x - y)y' = x + y$ (Ergebniskurven $y = y(x)$ in der Gestalt $r = r(\varphi)$ angeben, wobei (r, φ) ebene Polarkoordinaten sind),

e)* (vgl. 24.2.e)*): $y' = -M + (M^2 + 1)^{1/2}$ mit $M = -(1/2)(x/y) - (23/10)$, $(0 \leqq x \leqq 10;$ $-(4/10)x \leqq y \leqq 0)$. Die Lösung $y = y(x)$ ist in der Gestalt $x = x(z) = C\exp\left\{ \int \left[R(z) + (Q(z))^{1/2}/P(z) \right] dz \right\}$, $y = z \cdot x(z)$ ($P(z)$ Polynom dritten Grades, $Q(z)$ zweiten Grades, $R(z)$ rationale Funktion) anzugeben. Wie lauten P, Q, R?

f)* Man zeige: In 24.14.e)* lassen sich die Lösungskurven $y = y(x; C)$ (C: Scharparameter) in der Parameterdarstellung

$x = x(z) = x(z; C)$, $\quad y = y(x(z; C); C) = z \cdot x(z; C)$ $\quad$ (z: Kurvenparameter)

angeben durch $x = x(z; C) = Cf(z)$ $(-4/10 \leqq z \leqq b < 0$ mit $x(b; C) = Cf(b) = 10$; $0 < C < 10/f(-4/10))$,

wobei $\quad f(z) = |z|^{-1/2}(P_1(z))^{1/4}(P_2(z))^{-13/27}(P_3(z))^{-29/108}$

ist mit $P_1(z) = 50 + 230z + 10(Q(z))^{1/2}$, $\quad P_2(z) = 1\,200 + 6\,520z + 260(Q(z))^{1/2}$,

$P_3(z) = -4\,200 - 27\,320z + 1\,160(Q(z))^{1/2}$.

Hierbei gilt $\quad Q(z) = 629z^2 + 230z + 25$ $\quad$ und

$10/f(-4/10) = 10^{1/2}100^{13/27}13\,456^{29/108} = 372{,}952\ldots$ $\quad$ (Bild 24.1).

24.15. Von den folgenden Differentialgleichungen löse man diejenigen, die

I. mit der Methode der Trennung der Veränderlichen gelöst werden können,

II. linear sind,

III. Bernoullische Differentialgleichungen sind:

a) $y' = xy$,

b) $y' = 2x + 5y$,

c) $y' + 2xy = x$,

d) $y' - y + xy^2 = 0$,

e) $x^2 + y - xy' = 0$,

f) $y' - 4y/x = x\sqrt{y}$,

g) $(t^2 + 3)\dot{x} + tx = 3t$,

h) $t^2\dot{x} + 2tx - 3 = 0$,

i) $\dot{y} + 1 + e^y = 0$,

j) $\dot{x} - tx = (t - 3)\exp(3t)$,

k) $(1 - x^2)y' - xy - axy^2 = 0$,

l) $y' = \tan x \tan y$
$\quad (0 < x < \pi/2; \quad 0 < y < \pi/2)$,

m) $\dot{x} = \exp(t - x)$,

n) $y' = \tan(xy)$,

o) $x^2 y' + 2xy - 3 = 0$,

p) $y' + (x + 1)^{-1}y = 4e^{2x}$,

q) $xy' + (y + 1)\ln x = 0$, $y(1) = -1$,

r) $(4\pi x^2 y)' = ax^2 y$,

s)* $2xyy' + x - y^2 = 0$,

t) $y' = e^x - y^2$.

24.16. Von den folgenden Differentialgleichungen sind die exakten zu lösen. Die übrigen sollen mittels eines integrierenden Faktors der Gestalt $\mu = \mu(x)$ oder $\mu = \mu(y)$ gelöst werden (keine Auflösung nach y in g) und k)):

a) $(y^2 + 2xy)dx + (x^2 + 2xy)dy = 0$,   b) $3x(x + y)^2 + (2x^3 + 3x^2 y)y' = 0$,

c) $y^3 y' + x^3 + x^2 yy' + xy^2 = 0$,   d) $xu' = 2x\cos(x^2) - u$,

e)* $(x - y)y^2 dx + (1 - xy^2)dy = 0$,   f) $(x^2 + y)dx - xdy = 0$,

g) $(3x^2 y - 1)dx + (x^3 + 2y\sin(2y))dy = 0$,

h) $(1 - x^2)y' = xy + (x/y)$,

i) $x^2 + y^2 + 2x + 2yy' = 0$,   j) $2xyy' + y^2 - x^2 = 0$,

k) $y - 2x\sin(x^2) + (x + \cos y)y' = 0$,

l) $(y^2 - 2x - 2)dx + 2ydy = 0$, $y(1) = -1$,

m) $(3x - y + 4)dx - (x + 2y + 1)dy = 0$, $y(1) = 1$.

24.17. Nach dem Verfahren von Runge-Kutta sind mit der angegebenen Schrittweite h die folgenden Anfangswertaufgaben zu lösen. Parallel hierzu führe man die Rechnung mit der doppelten Schrittweite durch und verbessere damit laufend die Näherungswerte der ursprünglichen Rechnung. Man nehme jeweils 6 Dezimalstellen mit.

a) $y' = (y/10)(2y - x)^{1/2}$, $y(0) = 1$, $h = 0{,}5$, zwei Schritte,

b) 24.15. n) mit $y(0) = 2$, $h = 0{,}2$, zwei Schritte,

c) 24.15. t) mit $y(-1) = e^{-1/2}$, $h = 0{,}4$, zwei Schritte,

d) $y' = x^2 + y^2$, $y(0) = 1$, $h = 0{,}1$, vier Schritte,

e) $y' = y - 2xy^{-1}$, $y(0) = 1$, $h = 0{,}2$, zwei Schritte,

f) $y' = (2x)^{-1}(x^2 + y^2)$, $y(2) = 0$, $h = 0{,}2$, vier Schritte,

g)* $y' = f(x), y(a) = 0$, Bezeichnung der Schrittweite durch $2h$ mit $h = (2n)^{-1}(b - a)$,

n Schritte. Folgerung für $\int\limits_{a}^{b} f(x)dx$?

h)* Dgl. aus 24.14.e)* mit $y(5) = -2$, $h = 0{,}1$ (oder 0,2), einen Schritt. Man bilde $y(5 + h)/(5 + h) = z_0$ und prüfe, ob mit $z = z_0$ das Ergebnis aus 24.14.f)* zu dem hier gefundenen Ergebnis führt. Nun ist $C = 22{,}1155\ldots$ (warum?).

25. Gewöhnliche Differentialgleichungen höherer Ordnung

25.1. Man löse die folgenden Differentialgleichungen und Anfangs- bzw. Randwertaufgaben:

a) $y'' = 2x$, $\quad y(0) = y'(0) = 0$,

b) $y'' = 4\cos(2x)$, $\quad y(0) = 0$, $\quad y'(0) = 1$,

c) $(2 + y'')^2 = x^2$,

d) $(1 + x)^4 y^{(4)} = 1$

e) $y'' \cos^2 x = 1$, $\quad y(\pi/4) = (1/2)\ln 2$, $\quad y'(\pi/4) = 1$,

f) $w^{(4)} = (EJ)^{-1} q(x)$ [$w(x)$: Balkendurchbiegung, EJ: konstante Biegesteifigkeit, $q(x)$: senkrecht zur Balkenachse $0 \leq x \leq l$ wirkende Streckenlast], $w(0) = 0$, $w'(0) = 0$, $w(l) = 0$, $w''(l) = 0$ (d. h. Einspannung an der Stelle $x = 0$ und gelenkige Lagerung bei $x = l$). Wie lautet der größte Wert von $|w(x)|(0 \leq x \leq l)$? Zahlenwerte: $l = 3$ m, $EJ = 6{,}5 \cdot 10^4\,\mathrm{Nm}^2$, $q = \mathrm{const} = 1\,500\,\mathrm{N/m}$ (Bild 25.1),

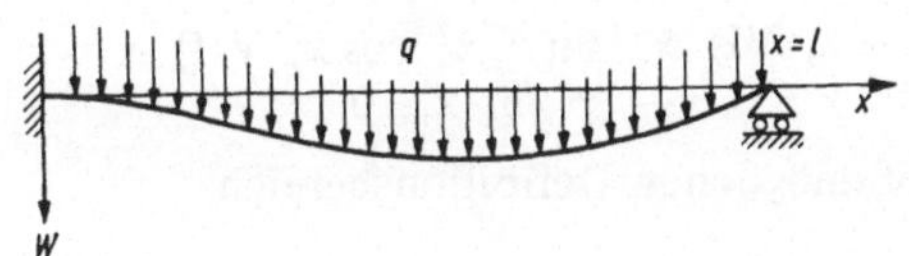

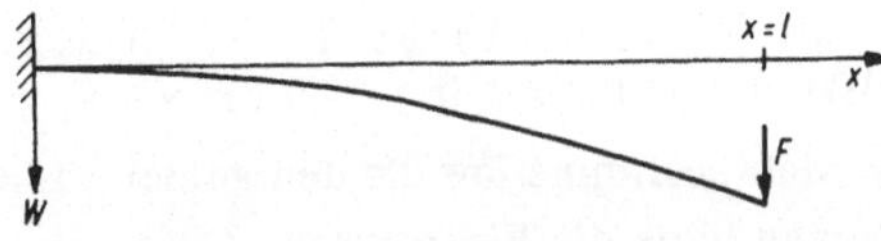

Bild 25.1

Bild 25.2

g) $w^{(4)} = 0$, Randbedingungen und Zahlenwerte wie in f), jedoch $w(l) = 0$ durch $w'''(l) = -(EJ)^{-1} F$ ersetzen (d. h. an der Stelle $x = l$ keine Lagerung, jedoch dort Belastung durch Einzelkraft F senkrecht zur Balkenachse), Zahlenwert $F = 1\,500$ N (Bild 25.2),

h)* $\ddot{x} + k\dot{x}|\dot{x}| + g = 0$, $x(0) = 0$, $\dot{x}(0) = v_0 > 0$, $k > 0$ (senkrechter Wurf mit Luftreibung). Im Ergebnis mache man anstatt v_0 die Steigzeit t_s und die Steighöhe x_s sichtbar. Es gilt $x(t) = A + B(t - t_s) + R(t)$ mit $R(t) \to 0$ für $t \to \infty$. Wie lauten die Konstanten A und B?

25.2. Mittels der Energiemethode oder auch gemäß 25.3. löse man:

a) $y'' = y^{-1/2}$, $\quad y(1) = 1$, $\quad y'(1) = 2$,

b) $\ddot{x} - 2x^3 = 0$, $\quad x(-2) = 1$, $\quad \dot{x}(-2) = 1$,

c) $y'' = 2\,\mathrm{e}^y$, $\quad y(0) = 0$, $\quad y'(0) = -2$,

d) $u'' = u^2$, $\quad u(0) = 1$, $\quad u'(0) = (2/3)^{1/2}$,

e) $y'' = 2y(y^2 + 1)$, $\quad y(0) = 0$, $\quad y'(0) = 1$,

f) $\ddot{x} = 2x(1 + 2\ln x)$, $\quad x(0) = \mathrm{e}$, $\quad \dot{x}(0) = 2\mathrm{e}$,

g)* $m\ddot{x} = -kx^{-1}$ ($k > 0$), (die Punktmasse m wird vom festen Punkt $x = 0$ angezogen), $x(0) = x_0 > 0$, $\dot{x}(0) = 0$. Man gebe $x = x(t)$ in der Gestalt $t = t(x)$ an und berechne $T = \lim t(x)$ für $x \to +0$, indem man einerseits im Integral $z! = \int_0^\infty \mathrm{e}^{-t} t^z \mathrm{d}t$ die Substitution $u = \mathrm{e}^{-t}$ durchführt und andererseits $(-1/2)! = \sqrt{\pi}$ beachtet.

h)* $m\ddot{y} = -cy(1 + \varepsilon y^2)$ ($c > 0$, $\varepsilon > 0$), $y(0) = y_0$, $\dot{y}(0) = v_0 > 0$ (freie nichtlineare Schwingung mit überlinearer Charakteristik). Ergebnis in der Gestalt $t = \int f(y)\mathrm{d}y$ angeben. Die Schwingungsdauer ist $T = A\int[(a + y^2)(b - y^2)]^{-1/2}\mathrm{d}y$ mit der unteren bzw. oberen Integrationsgrenze $-b^{1/2}$ bzw. $b^{1/2}$. Welche Werte haben A, a, b?

25.3. Man zeige, daß die folgenden Differentialgleichungen die Struktur $y'' = f(y, y')$ besitzen. Man stelle jeweils für $p = y'$ als Funktion von y, also für $p = p(y)$, eine Differentialgleichung auf, löse sie und bestimme danach $y = y(x)$.

a) $yy'' = y'^2$, b) $yy'' = 2(y')^2$,

c) $\ddot{y} = y\dot{y}$, $y(0) = \dot{y}(0) = 1$, d) $y'' = e^y y'$, $y(0) = 0$, $y'(0) = 2$,

e) $y'' = y'(1 + \tan^2 y)$, $y(0) = \pi/4$, $y'(0) = 1$,

f) $\ddot{x} = \dot{x}(1 + \ln x)$, $x(0) = \dot{x}(0) = e$,

g)* $m\ddot{x} + k\dot{x}|\dot{x}| + cx = 0$, $(k > 0, c > 0)$, $x(0) = x_0 > 0$, $\dot{x}(0) = 0$ (freie Schwingung, Dämpfung durch Newtonsche Reibung). Dgl. für $p = p(x)$ $(p = \dot{x})$ in der Gestalt $p\,dp + g(x, p)dx = 0$ schreiben und zunächst einen integrierenden Faktor $\mu = \mu(x)$ bestimmen. Endergebnis in der Gestalt $t = \int f(x)dx$ angeben.

25.4. Gegeben ist das Funktionensystem $(y_1(x), ..., y_n(x))$: I) x, x^2; II) $1, e^x, e^{-x}$; III) $e^x, \cosh x, \sinh x$; IV) $\sqrt{x}, 1 - x$; V) $x, x + 1, x + 2$; VI) $x^{-1}\sin x, x^{-1}\cos x$; VII) $x, |x|$; VIII) $y_1 = x^2$ für $x \leq 0$, $y_1 = 0$ für $x \geq 0$, $y_2 = 0$ für $x \leq 0$, $y_2 = x^2$ für $x \geq 0$.

a) Man bestimme jeweils den gemeinsamen größtmöglichen Definitionsbereich,

b) man bilde die Wronskische Determinante,

c) man bilde für die Funktion $y(x) = y_{n+1}(x)$ die Differentialgleichung $\det(y_k^{(\nu)}(x))$ $= 0(k = 1, ..., n + 1; \nu = 0, ..., n)$,

d) man folgere – falls möglich – aus b) und c) oder beweise direkt die lineare Unabhängigkeit bzw. Abhängigkeit des Funktionensystems bezüglich des Definitionsbereiches aus a).

25.5. Wie lautet die allgemeine Lösung der folgenden linearen homogenen Differentialgleichungen mit konstanten Koeffizienten?

a) $y'' + 2y' - 3y = 0$, b) $y''' - y'' - 2y' = 0$,

c) $2y'' + 3y' + 3y = 0$, d) $y''' + y = 0$,

e) $x^{(3)} - 7\dot{x} - 6x = 0$, f) $y'' + 4y' + 8y = 0$,

g) $\ddot{x} + 2\dot{x} + 10x = 0$, h) $y^{(4)} + 8y'' + 16y = 0$,

i) $y''' - 3y'' + 3y' - y = 0$, j) $y^{(4)} - 3y''' - 2y'' + 2y' + 12y = 0$.

25.6. Man löse die folgenden Anfangswertaufgaben:

a) $y'' + 2y' + y = 0$, $y(0) = 3$, $y'(0) = 0$,

b) $4y'' + y = 0$, $y(0) = 0$, $2y'(0) = 1$,

c) $z'' + 4z' + 29z = 0$, $z(0) = 0$, $z'(0) = 15$,

d) $4y''' + 12y'' + 9y' = 0$, $y(0) = y'(0) = 1$, $y''(0) = -3$,

e) $y''' - 3y'' + 4y = 0$, $y(0) = 0$, $y'(0) = 4$, $y''(0) = 7$,

f) $m\ddot{x} + k\dot{x} + cx = 0$, $x(0) = x_0$, $\dot{x}(0) = 0$, Zahlenwerte: $m = 50\,g$, $k = 0{,}5\,Ns/m$, $c = 0{,}45\,N/m$, $x_0 = 2\,cm$, $(N = kg\,ms^{-2})$. Nach welcher Zeit T ist der Ausschlag $x(t)$ auf $(1/100)\,mm$ zurückgegangen?

g) Wie f), jedoch $k = (1/6)\,Ns/m$. Für welches (möglichst kleine) T gilt $|x(t)| \leq (1/100)\,mm$ für alle t mit $t \geq T$?

25.7. Man löse die folgenden linearen inhomogenen Differentialgleichungen mit konstanten Koeffizienten:

a) $y'' + 4y' - 5y = 2x$,　　　　b) $y''' - y' = -2x$,

c) $y^{(4)} + 4y'' = x(1 - x^2)$,　　d) $\ddot{y} - 2\dot{y} + 2y = 2t$,

e) $y''' - 7y'' + 6y' = \cos x$,　　f) $y''' + 2y'' + y' = 2\sin x$,

g) $\ddot{y} + 9y = \cos(3t)$,　　　h) $r^{(4)} + 2r'' + r = \cos\varphi$,

i) $y^{(4)} + 2y''' + 5y'' + 8y' + 4y = \cos(2x)$,

j) $\ddot{y} - \dot{y} - 6y = 4\cosh(2t)$,

k) $y'' - 4y' + 13y = e^{2x}\sin(3x)$,

l) $y'' - 2y' - 8y = 4 + 3e^{4x} - 18xe^{-2x} + 20\sin(2x)$,

m)* $y'' - 4y = (x^2 + 1)\cos x$,

n)* $y'' + 2y' + y = \cos^2 x \cdot \sin x$.

25.8. Man löse die folgenden Anfangswertaufgaben:

a) $16y'' + 8y' + y = -80$,　$y(0) = 1$,　$y'(0) = 0$,

b) $y'' + 2y' + 5y = 5x + 2$,　$y(0) = 0$,　$y'(0) = 1$,

c) $y''' - 4y'' - 3y' + 18y = 8e^{2x} - 54x^2 + 63$,　$y(0) = 10$,　$y'(0) = 0$,　$y''(0) = 5$,

d) $y''' + 4y' = 4x - 8$,　$y(\pi/2) = (1/8)\pi^2$,　$y'(\pi/2) = \pi/2$,　$y''(\pi/2) = 0$,

e) $m\ddot{x} + kx = F(t)$, $m > 0$, $k > 0$, $x(0) = 0$, $\dot{x}(0) = 0$ (erzwungene Schwingung), wobei α) $F = \text{const} = F_0$; β) $F = at(a > 0)$; γ) $F = F_0 \exp(-\alpha t)$, $\alpha > 0$,

f)* $(m_1 + m_2)\ddot{y} + k\dot{y} + cy = (m_1 + m_2)g + Z\cos(\omega t)$, $c = 3EJ/l^3$, $k > 0$, $Z = m_2 r\omega^2$, $y(0) = 0$, $\dot{y}(0) = 0$ [Auf dem Balken von 25.1. g) wird die Kraft F im Schwerefeld durch einen Motor mit der Masse m_1 und von einer Punktmasse m_2 erzeugt, die sich auf der Motorschwungscheibe im Abstand r von der Achse befindet. Der Rotor des Motors dreht sich mit der Kreisfrequenz ω. Die Durchbiegung $y(t)$ an der Stelle $x = l$ führt erzwungene Schwingungen aus, wobei der Balken wie eine (masselose) Feder mit der Federkonstanten c (siehe Ergebnis von 25.1. g)) wirkt, und die Reibungskraft $k\dot{y}$ und die Zentrifugalkraft Z vorliegen.] Zahlenwerte: $l = 1\,\text{m}$, $EJ = 6,5 \cdot 10^4\,\text{Nm}^2$, $m_1 = 12\,\text{kg}$, $m_2 = (1/2)\,\text{kg}$, $r = 30\,\text{cm}$, $g = 9,81\,\text{ms}^{-2}$, $k = 156,125\,\text{Ns/m}$, $\omega = 2\pi n$ mit $n = 3\,600$ Umdrehungen pro Minute.

g)* $m\ddot{x} + cx = g(x, \dot{x})\,(c > 0, R > 0)$, wobei $g(x, \dot{x}) = -R(\dot{x}/|\dot{x}|)$ für $-\infty < x < +\infty$, $\dot{x} \neq 0$; $g(x, \dot{x}) = cx$ für $|x| \leq (R/c)$, $\dot{x} = 0$; $g(x, \dot{x}) = 0$ für $|x| > (R/c)$, $\dot{x} = 0$; $x(0) = x_0 > (R/c)$, $\dot{x}(0) = 0$ (freie Schwingung, Dämpfung durch Coulombsche Reibung).

25.9. Welchen Ansatz macht man jeweils für eine partikuläre Lösung von

a) $y^{(4)} - y''' + 3y'' + 5y' = g(x)$, wobei $g(x)$ gleich ist α) $2x^2 + 3x^3$; β) $2e^{-x}$; γ) $(4x - 5)e^{-x}$; δ) $3x\cos(2x)$; ε) $e^x \sin x$; ζ) $e^x(4\sin(2x) - 3\cos(2x))$; η) $4x\,e^x\cos(2x)$; ϑ) $2 + \cosh x$; ι) $\sinh^2 x$,

b) $y''' + 4y'' + 13y' = g(x)$, wobei $g(x)$ gleich ist α) $36 - x\,e^{3x}$; β) $e^{-2x}\cos(3x)$; γ) $2\sinh(2x) \cdot \sin(3x)$; δ) $\{e^x + e^{2x}\}^2 \cos(3x) - \pi^{1/2}$,

c) $x^{(3)} + \ddot{x} + 4\dot{x} + 4x = g(t)$, wobei $g(t)$ gleich ist α) $t^2 e^{-t}$; β) $e^{-t}\cos(2t)$; γ) $e^{-t} + \cos(2t)$; δ) $t^2\sin(2t)$,

d) $y''' + y'' - 5y' + 3y = g(x)$, wobei $g(x)$ gleich ist α) $x^2\exp(-3x)$; β) $2e^x$; γ) $-4xe^x$, e)* $\sum a_\nu y^{(\nu)} = g(x)$, $\nu = 0,1,\ldots,6$, a_ν reell, wobei $\sum a_\nu y_h^{(\nu)} = 0$ die Lösung $y_h = x^2 \exp(2x)\cos(3x)$ besitzt und $g(x)$ gleich ist $\alpha)$ $\exp(2x)\sin(3x)$; $\beta)$ $\exp(2x) + \sin(3x)$; $\gamma)$ $x\exp(2x)\cos x$; $\delta)$ $x^2\exp(2x)\cos(3x)$; $\varepsilon)$ $\cos(3x) + \sin(2x)$.

25.10. Die folgenden Eulerschen Differentialgleichungen und Anfangswertaufgaben sind zu lösen. Die unabhängige Variable der Lösungsfunktion wird stets als positiv vorausgesetzt.

a) $x^2 y'' - 3xy' + 4y = 2x$,   b) $x^2 y''' - xy'' + y' = 3x^2$,

c) $4x^2 y'' - xy' + y = x^2 + \ln x$,   d) $x^4 y^{(4)} + 3x^2 y'' - 7xy' + 8y = 0$,

e) $x^2 y'' + 5xy' + 3y = 0$, $y(1) = y'(1) = 1$,

f) $x^2 y'' + xy' - y = 2x$, $y(1) = y'(1) = 2$,

g) $t^2 \ddot{x} - t\dot{x} + x = \ln t$.

25.11. Mittels der Methode der Variation der Konstanten löse man:

a) $y'' - 4y' + 4y = 9xe^{2x}\ln x$,   b) $y'' + 2y' + y = -e^{-x}x^{-2}$,

c) $y'' + y = 2(\cos x)^{-1}$, $|x| < \pi/2$,   d) $y'' + 3y' + 2y = (1 + e^x)^{-1}$,

e) $y'' - 2y' + 5y = e^x\{\cos(2x)\}^{-1}$,   f) $x^2 y'' - 2xy' + 2y = x^3\cos x$,

g) $xy'' + 2y' = \sin x$,   h) $y'' - 6y' + 9y = x^{-3}(9x^2 + 6x + 2)$,

i) $x^2 y'' + 4xy' + 2y = \cos x$,   j)* $\ddot{x} - 4\dot{x} + 4x = 9te^{2t}\ln t$,

k)* $m\ddot{x} + kx = F(t)$, $m > 0$, $k > 0$, $x(0) = \dot{x}(0) = 0$ (erzwungene Schwingung), wobei
   $\alpha)$ $F(t) = F_0$ für $0 \leq t \leq T$, $F(t) = 0$ für $t > T$;
   $\beta)$ $F(t) = (F_0/T)t$ für $0 \leq t \leq T$, $F(t) = F_0$ für $t > T$;
   $\gamma)$ $F(t) = (F_0/T)t$ für $0 \leq t \leq T$, $F(t) = 0$ für $t > T$.

25.12. Man löse die folgenden Randwertaufgaben:

a) $y'' + \pi^2 y = 0$ mit $\alpha)$ $y(0) = 0$, $y(3/4) = 0$; $\beta)$ $y(0) = 1$, $y(1) = 0$;
   $\gamma)$ $y(0) = 0$, $y(1) = 0$,

b) $EJw''' + Fw' = 0$, $w(0) = 0$, $w'(0) = 0$, $EJw''(0) - Fw(l) = Fa$ (Druckkraft $F > 0$, konstante Biegesteifigkeit EJ, Einspannung an der Stelle $x = 0$, außermittiger Angriff von F an der Stelle $x = l$; Angriffshebellänge a). Für welches a liegt eine Eigenwertaufgabe vor (Bild 25.3)?

c) $EJw^{(4)} + Fw'' = q_1\sin(\pi x/l) + q_2\sin(2\pi x/l)$, $w(0) = w''(0) = w(l) = w''(l) = 0$ (beiderseits gelenkig gelagerter Druckstab mit spezieller Querbelastung, Bild 25.4).

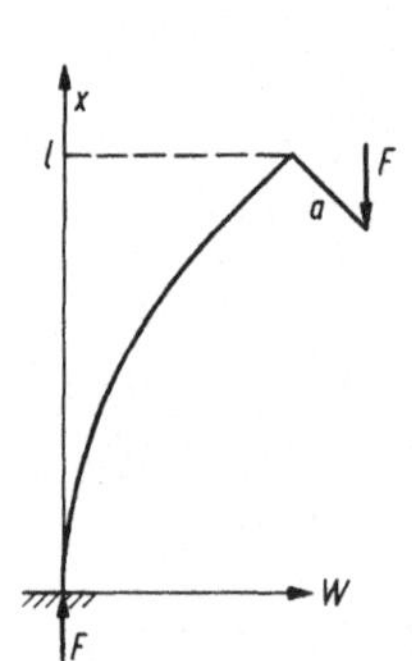

Bild 25.3

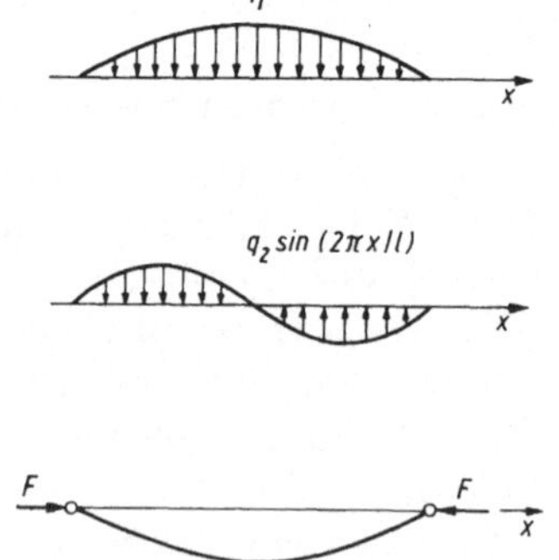

Bild 25.4

d)* $EJ(\partial^4 w/\partial x^4) + \mu(\partial^2 w/\partial t^2) = 0$, $(\partial^2 w/\partial x^2)_{x=0} = (\partial^3 w/\partial x^3)_{x=0} = 0$, $(\partial w/\partial x)_{x=l} = 0$,

$w(l, t) = a\sin(\omega t)$, wobei $w(x, t) = y(x)\sin(\omega t)$ ist. (Balken, unbelastet, keine Lage-

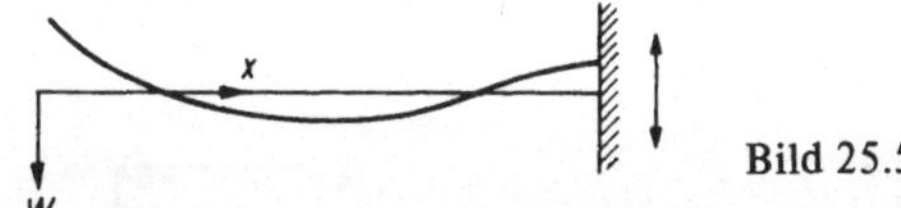

Bild 25.5

rung an der Stelle $x = 0$, eingespannt an der Stelle $x = l$, die periodisch bewegt wird. EJ konstante Biegesteifigkeit, μ konstante Masse pro Längeneinheit, Bild 25.5).

25.13. Mittels der Methode der Variation der Konstanten löse man die folgenden Randwertaufgaben für Greensche Funktionen $y(x) = G(x, \bar{x})$ [$\bar{x}$ Parameter, $\int f(x)\delta(x - \bar{x})\mathrm{d}x = f(\bar{x})$, falls ein bestimmtes Integral vorliegt und $\bar{x}$ sich im Integrationsintervall befindet, $\int f(x)\delta(x - \bar{x})\mathrm{d}x = 0$, falls $\bar{x}$ nicht im Integrationsintervall liegt].

a) $-y'' = \delta(x - \bar{x})$ mit $\alpha)\; y(0) = y(l) = 0$; $\beta)\; y(0) = y'(l) = 0$,

b) $y^{(4)} = \delta(x - \bar{x})$ mit $\alpha)\; y(0) = y'(0) = y''(l) = y'''(l) = 0$;
    $\beta)\; y(0) = y''(0) = y(l) = y''(l) = 0$,

c) $(-(1 + x^2)y')' = \delta(x - \bar{x})$ mit $\alpha)\; y(0) = y'(l) = 0$; $\beta)\; y(0) = y(l) = 0$,

d) $-y'' + y = \delta(x - \bar{x})$, $\lim y(x)$ soll für $x \to -\infty$ und für $x \to +\infty$ existieren,

e) $-xy'' - y' = \delta(x - \bar{x})$, $y(1) = 0$, $\lim y(x)$ soll für $x \to +0$ existieren,

f) $-y'' - a^2 y = \delta(x - \bar{x})$, $y(0) = y(l) = 0$.

25.14. Wie lauten die Eigenwertgleichungen der folgenden Eigenwertaufgaben? Man gebe den kleinsten positiven Eigenwert – falls möglich – exakt an, andernfalls näherungsweise. Wie lauten die zum kleinsten positiven Eigenwert gehörigen Eigenfunktionen?

a) $EJw'' + Fw = 0$ mit $\alpha)\; w(0) = w'(l) = 0$; $\beta)\; w(0) = w(l) = 0$ [Druckstab, der α) in einem Randpunkt ($x = l$) eingespannt; β) beiderseits gelenkig gelagert ist; Bild 25.6],

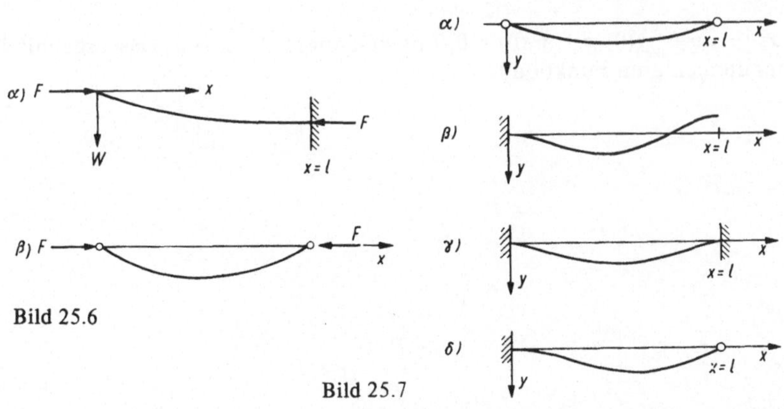

Bild 25.6

Bild 25.7

b) $EJy^{(4)} - \mu\omega^2 y = 0$ mit $\alpha)\; y(0) = y''(0) = y(l) = y''(l) = 0$; $\beta)^* \; y(0) = y'(0) = y''(l) = y'''(l) = 0$; $\gamma)^* \; y(0) = y'(0) = y(l) = y'(l) = 0$; $\delta)^* \; y(0) = y'(0) = y(l) = y''(l) = 0$ [Eigenschwingungen $w(x, t) = y(x)\cos(\omega t)$ eines Stabes, der α) beiderseits gelenkig gelagert; β) einseitig ($x = 0$) eingespannt; γ) beiderseits eingespannt; δ) für $x = 0$ eingespannt und für $x = l$ gelenkig gelagert ist; μ: Masse pro Länge; Bild 25.7], c)* $EJw^{(4)} + Fw'' + cw = 0$, $w(0) = w''(0) = w(l) = w''(l) = 0$, Eigenwertparameter: $F > 0$ (beiderseits gelenkig gelagerter Druckstab, gebettet mit der Bettungsziffer c, Bild 25.8); [Zahlenwert-Bsp.: $c = 10^4 \, (EJ/l^4)$].

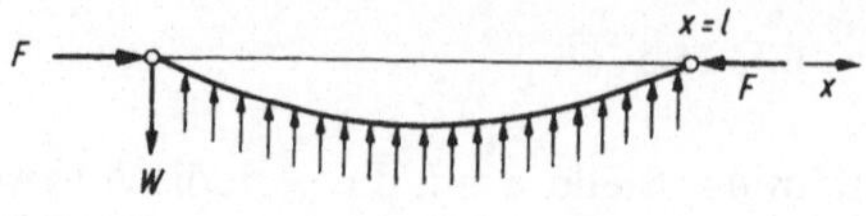

Bild 25.8

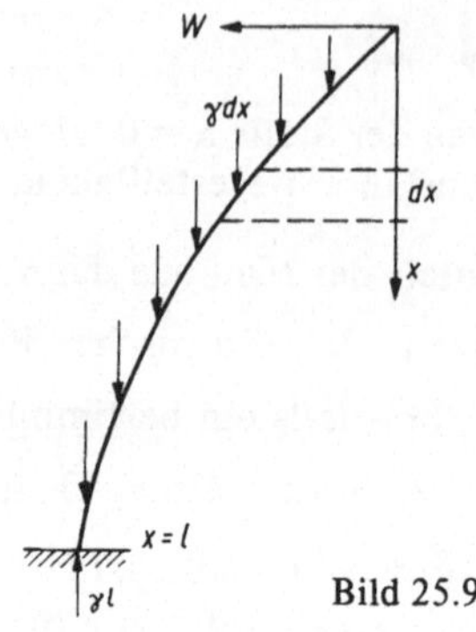

Bild 25.9

25.15. Mittels eines Potenzreihenansatzes löse man:

a) $y'' = (x^2 + 2)y$, $y(0) = 1$, $y'(0) = 0$. Entwicklungsstelle $x = 0$, Berechnung bis zum Glied mit der achten Potenz.

b) $EJw''' + \gamma x w' = 0$, $w(0) = (0)$, $w''(0) = 0$, $w'(l) = 0$, l: Eigenwertparameter, [Knickung des vertikalen einseitig eingespannten ($x = l$) Stabes infolge seines Eigengewichtes (γ: Gewicht pro Länge)], Entwicklungsstelle $x = 0$. Abbruch nach dem Glied mit der siebenten Potenz. Hiermit Näherungswert für den kleinsten Eigenwert l ermitteln (Bild 25.9).

c) 25.2. g)*, Entwicklungsstelle $t = 0$, Abbruch nach dem Glied mit der vierten Potenz. Hiermit Näherungswert für T herstellen und mit dem Ergebnis von 25.2. g)* vergleichen.

d) $y'' - xy' - y = 0$, $y(0) = 1$, $y'(0) = 0$, Entwicklungsstelle $x = 0$. Das Ergebnis ist gleich welcher elementaren Funktion?

26.   Systeme von gewöhnlichen Differentialgleichungen

26.1. Man bestimme die allgemeine Lösung der linearen homogenen Differentialgleichungssysteme:

a) $\dot{x} - 2x - 8y = 0$, $\quad \dot{y} - 3x + 8y = 0$, $\qquad$ b) $\dot{x} = -5x + 3y$, $\quad \dot{y} = -15x + 7y$,

c) $\dot{x} - 2x = 0$, $\quad \dot{y} - 2x - y + 2z = 0$, $\quad \dot{z} + x - 2z = 0$,

d) $2y_1'' + 2y_2' + y_1 - 5^{1/2}y_2 = 0$, $\quad 2y_2'' + 2y_1' + 5^{1/2}y_1 + 11y_2 = 0$,

e)* $y_\mu = -(EJ)^{-1} \sum_{\nu=1}^{3} \{G(x_\mu, x_\nu) m_\nu \ddot{y}_\nu\}$ $(\mu = 1, 2, 3)$ mit der Greenschen Funktion $G(x, \tilde{x})$

aus 25.13. bβ) und $x_\nu = \nu(l/4)$, $(\nu = 1, 2, 3)$. Zahlenwerte: $m_1 = m_3 = 10\,\text{kg}$, $m_2 = 21\,\text{kg}$, $EJ = 6{,}4 \cdot 10^4\,\text{Nm}^2$, $l = 3\,\text{m}$. Es ist zweckmäßig, bei der Bestimmung von λ und d des Ansatzes $y = d\exp(\lambda t)$ zunächst $\tilde{\lambda} = \lambda^{-2} \cdot 768\,EJl^{-3}$ und $\tilde{d} = Md$ zu bestimmen, wobei die Elemente der quadratischen Matrix M in der Hauptdiagonale gleich m_1 bzw. m_2 bzw. m_3 und außerhalb der Hauptdiagonale gleich null sind. Eine Lösung für $\tilde{\lambda}$ ist gleich $-6\,\text{kg}$. [Beiderseits gelenkig gelagerter (masseloser) Balken mit der konstanten Biegesteifigkeit EJ, der an den Stellen x_ν Punktmassen m_ν trägt, die jeweils nach dem Weg-Zeit-Gesetz $y_\nu(t)$ freie gekoppelte Schwingungen ausführen.]

26.2. Man bestimme die allgemeine Lösung der linearen inhomogenen Differentialgleichungssysteme:

a) $y_1' + y_2' = y_1 + y_2 + 1$, $\quad y_1' - y_2' = 7y_1 - y_2$,

b) $\dot{x} = y$, $\quad \dot{y} = x + e^t + e^{-t}$,

c) $-5y_1' = 5y_1 + 6y_2 + 9\sin(2x)$, $\quad 3y_2' = 5y_1 + 3y_2 - 15xe^{-x}$,

d) $L_1\dot{I}_1 + M\dot{I}_2 + R_1I_1 = U$, $\quad M\dot{I}_1 + L_2\dot{I}_2 + R_2I_2 = 0$, $\quad U = a\sin(\omega t)$, $\quad L_1L_2 - M^2 > 0$ (Transformator, d.h. elektrisches Netzwerk, das aus zwei induktiv gekoppelten Schwingungskreisen besteht). In der Ergebnisformel sind einerseits alle additiven Glieder wegzulassen, die für $t \to \infty$ nach null streben, andererseits ist zum idealen Transformator überzugehen, d.h. $M^2 = L_1L_2 - \varepsilon$ zu setzen und die Grenzübergänge $\varepsilon \to +0$ und $R_1 \to +0$ vorzunehmen. Welche Folgerung ergibt sich schließlich für die Amplitude der Spannung $U_2 = R_2I_2$ am Widerstand R_2 (Bild 26.1)?

e) $\dot{x} = \begin{pmatrix} 3 & -1 \\ -1 & 3 \end{pmatrix} x + \begin{pmatrix} 8 \\ 8\exp(3t) \end{pmatrix}$, $\quad x(0) = \begin{pmatrix} 4 \\ -6 \end{pmatrix}$,

f) $\ddot{x} + \dot{y} + x = e^t$, $\quad \ddot{y} + \dot{x} = e^{-t}$.

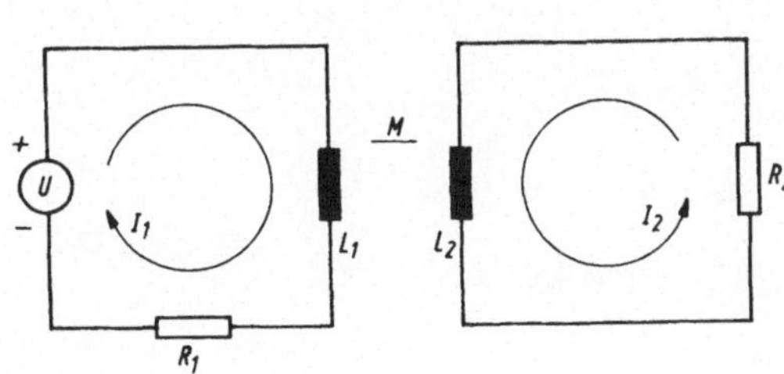

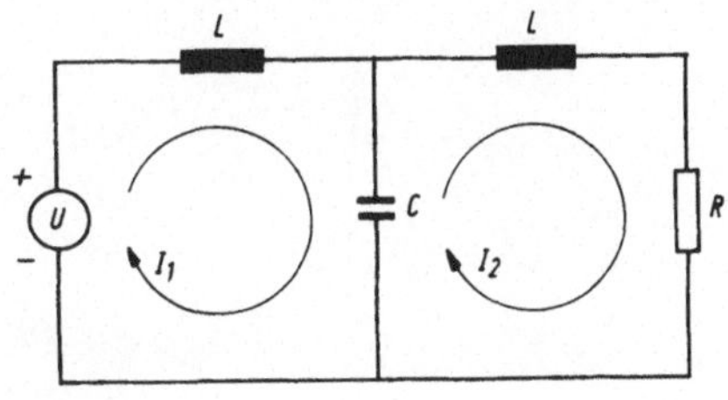

Bild 26.1 $\qquad\qquad\qquad\qquad\qquad\qquad$ Bild 26.2

26.3. Man löse folgende Differentialgleichungssysteme durch Überführen in eine Differentialgleichung höherer Ordnung:

a) $\dot{x} + 2y = 3t, \quad \dot{y} - 2x = 4, \quad x(0) = 2, \quad y(0) = 3,$

b) $\dot{x} = x + 2y + 2t, \quad \dot{y} = -2x - 3y + 3t,$

c) $y_1' = 2y_1 + 2y_3, \quad y_2' = 2y_1 + 2y_2, \quad y_3' = -2y_2 + 2y_3,$

d) $\ddot{x}_1 = 3x_1 + 4x_2 - 3t + 2, \quad \ddot{x}_2 = -x_1 - x_2 + 5t,$

e) $\ddot{x} = 4x - \dot{y} - 12, \quad \ddot{y} = 10\dot{x} + y - 7,$

f)* $L\dot{I}_1 + L\dot{I}_2 + RI_2 = U, \quad L\ddot{I}_2 + R\dot{I}_2 + (1/C)(I_2 - I_1) = 0, \quad U = a \sin(\omega t)$ (elektrischer Filter, d. h. Netzwerk, das nur für bestimmte Frequenzbereiche durchlässig ist und die anderen Frequenzen sperrt). In der Ergebnisformel sind alle additiven Glieder wegzulassen, die für $t \to \infty$ nach null streben. Welche Folgerung ergibt sich für die Amplitude der Spannung $U_2 = RI_2$ am Widerstand R (Bild 26.2)?

g) $zy' - y^2 = 0, \quad 2z' - y = 0, \qquad$ h) $xy' + z = 0, \quad xz' + y = 0,$

i) $xy' + 2(y - z) = x, \quad xz' + y + 5z = x^2.$

Lösungen und Lösungshinweise

17.1:   a) Ebene.   b) $P(0; 0; 4)$.   c) Hyperbolische Zylinderfläche.
d) Ebene.   e) Kreiszylinder.   f) Oktaeder.
g) Kreiszylinder und Äußeres davon.   h) Würfel.

17.2:   a) Kreiszylinder.   b) Ellipsoid.   c) Doppelkreiskegel.
d) Einschaliges Rotationshyperboloid.
e) Zweischaliges Rotationshyperboloid.
f) Hyperbolisches Paraboloid.

17.3:   a) Geradenschar – Ebene.   b) Geradenschar – halber Kreiszylinder.
c) Hyperbeln – hyperbolisches Paraboloid.
d) Kreisschar – Kreiskegel.   e) Kreisschar – Rotationsparaboloid.
f) Hyperbeln – hyperbolisches Paraboloid.
g) Ellipsen – elliptisches Paraboloid.

17.4:   a) $y = c\left(x + \dfrac{1}{x}\right)$.   b) Geradenschar $y = \dfrac{x}{1 + \ln c}$, $c > 0$, $c \neq \mathrm{e}^{-1}$.

c) Kurvenschar $(y - c)^2 + x^2 = c^2$ mit Mittelpunkt $M(0; c)$ und Radius $|c|$ ohne die Punkte
der x-Achse.

d) Kreisschar $x^2 + y^2 = \dfrac{1}{c}$, $c > 0$.

e) $y = \pm \sqrt{-\dfrac{\ln c}{x}}$ mit $\dfrac{\ln c}{x} \leq 0$, für die Koordinatenachsen gilt $z = c = 1$.

f) $y = \dfrac{1}{c}\left[1 + \dfrac{1}{cx - 1}\right]$, $c \neq 0$, $x \neq \dfrac{1}{c}$.

17.5:   a) $D_f = R^2$, $W_f = R$.   b) $D_f = \{(x; y) \mid y \leq 1\}$, $W_f = (0, \infty)$.
c) $D_f = R^2$, $W_f = \{\pi\}$.   d) $D_f = \{(x; y) \mid -|x| \leq y \leq |x|\}$, $W_f = [3; \infty)$.

e) $D_f = \{(x; y) \mid x^2 + y^2 < 4\}$, $W_f = \left[\dfrac{1}{2}, \infty\right)$.

f) $D_f = \{(x; y) \mid y = x^2\}$, $W_f = \{0\}$.

17.6:   a) $\{(x; y) \mid -|x| < y < |x|\}$.   b) Ellipse $\dfrac{x^2}{9} + \dfrac{y^2}{3} = 1$ und Äußeres, außer den Punkten
der Koordinatenachsen.
c) $\{(x; y) \mid x \geq 0 \wedge y > \sqrt{x} \wedge y > x\}$.
d) $\{(x; y) \mid -3 \leq x < \ln 2 \wedge -(x + 3) \leq y \leq x + 3\}$.
e) $\{(x; y) \mid x + 2 \leq y \leq x + 3\}$;   f) $\{(x; y) \mid x \neq y\}$.

17.7:   In der Reihenfolge α), β), γ) ergibt sich:

a) $0, 0, \dfrac{t}{1 + t^2}$.   b) $0, 0, 0$.   c) $-1, 1, \dfrac{t^2 - 1}{t^2 + 1}$.

d) $\dfrac{1}{2}, 0, \dfrac{2}{4 - t}$, $t \neq 4$. In den Fällen a), c), d) existiert $\lim\limits_{(x, y) \to (0, 0)} f(x, y)$ nicht.

17.8:   a) -1.   b) 4.   c) 0.   d) Existiert nicht.   e) $\dfrac{1}{2}$.   f) 8.

17.9:   a) Unstetig.   b) Stetig.   c) Stetig.   d) Unstetig.

17.10: $f_x(0, 0) = f_y(0, 0) = 0$; man betrachte $\lim\limits_{x \to 0} f(x, m\sqrt{x})$.

17.11:   a) $z_x = \tan y + \dfrac{1}{3}y^3, \quad z_y = x(y^2 + 1 + \tan^2 y)$.

b) $h_{x_1} = -\dfrac{1}{x_1}, \quad h_{x_2} = \dfrac{1}{x_2}$.   c) $g_x = g_y = g_z = 0$.

d) $w_x = z \sinh\dfrac{x}{z^2}, \quad w_z = 3z^2 \cosh\dfrac{x}{z^2} - 2x \sinh\dfrac{x}{z^2}$.

e) $u_s = \dfrac{1}{2}e^{2t} + \dfrac{1}{1 + s^2}, \quad u_t = se^{2t} + \dfrac{1}{1 + t^2}$.

f) $\varrho_\varphi = \dfrac{1}{\psi}\cos(\varphi^2 - \psi^2) - 2\dfrac{\varphi^2}{\psi}\sin(\varphi^2 - \psi^2)$,

$\varrho_\psi = -\dfrac{\varphi}{\psi^2}\cos(\varphi^2 - \psi^2) + 2\varphi\sin(\varphi^2 - \psi^2)$.

17.12:   a) $z_x = \dfrac{2 + 3y}{2\sqrt{2x + 3xy + 4y}}, \quad z_x(1; 1) = \dfrac{5}{6}$,

$z_y = \dfrac{3x + 4}{2\sqrt{2x + 3xy + 4y}}, \quad z_y(1; 1) = \dfrac{7}{6}$.

b) $z_x = -y(e^{xy} + 1)\sin(e^{xy} + xy), \quad z_x(0; 1) = -1{,}683$,

$z_y = -x(e^{xy} + 1)\sin(e^{xy} + xy), \quad z_y(0; 1) = 0$.

c) $z_x = 2yx^{2y-1}, \; z_x(2; 1) = 4, \quad z_y = 2(\ln x)x^{2y}, \quad z_y(2; 1) = 5{,}55$.

d) $z_x = \dfrac{-e^{x-y}}{2 - e^{x-y}}, \quad z_x(0; 0) = -1, \; z_y = \dfrac{e^{x-y}}{2 - e^{x-y}}, \quad z_y(0; 0) = 1$.

e) $z_x = \dfrac{2x}{x^2 - y^2} - \dfrac{x}{x^2 + y^2}, \quad z_x(4; 3) = 0{,}983$,

$z_y = \dfrac{-2y}{x^2 - y^2} - \dfrac{y}{x^2 + y^2}, \quad z_y(4; 3) = -0{,}977$.

17.13: $h(t, x) = (x - t)(1 - 2tx + t^2)^{-1}$.

17.14:   a) $D_f = R^2 \setminus \{(1; y) | y \in R^1\}$.   b) Der Grenzwert existiert für kein $y_0 \in R^1$.

c) $y = -3 + (x - 1)\tan c, \quad |c| < \dfrac{\pi}{2}, \quad x \neq 1$.   d) $\Delta z = 0$.

17.15:   a) $z_{xx} = -a^2\sin(ax + by), \quad z_{xy} = -ab\sin(ax + by), \quad z_{yy} = -b^2\sin(ax + by)$.

b) $z_{xx} = \dfrac{2x^3 - 6xy^2}{(x^2 + y^2)^3}, \quad z_{xy} = \dfrac{6x^2y - 2y^3}{(x^2 + y^2)^3}, \quad z_{yy} = \dfrac{6xy^2 - 2x^3}{(x^2 + y^2)^3}$.

c) $z_{xx} = y^2x^{-3}e^{\frac{y}{x}}, \quad z_{yy} = \dfrac{1}{x}e^{\frac{y}{x}}, \quad z_{xy} = z_{yx} = -yx^{-2}e^{\frac{y}{x}}$.

d) $z_{xx} = \dfrac{2(y - x^2)}{(x^2 + y)^2}, \quad z_{xy} = \dfrac{-2x}{(x^2 + y)^2}, \quad z_{yy} = \dfrac{-1}{(x^2 + y)^2}$.

e) $z_{xx} = \dfrac{y(2 - x^2)}{(1 - x^2)^{3/2}}, \quad z_{xy} = \arcsin x + \dfrac{x}{\sqrt{1 - x^2}}, \quad z_{yy} = 0$.

f) $x < y$: $z_x = 2, \quad z_y = 0$; $x > y$: $z_x = 0, \quad z_y = 2$.

g) $z_{xx} = -\dfrac{y}{x^2} - \dfrac{2(3y-1)}{(x-1)^3}$, $\quad z_{xy} = \dfrac{1}{x} + \dfrac{3}{(x-1)^2}$, $\quad z_{yy} = -\dfrac{1}{y} - \dfrac{2\sin y}{\cos^3 y}$.

h) $z_x = y^x \ln y + y x^{y-1}$, $\quad z_y = xy^{x-1} + x^y \ln x$,

$\quad z_{xx} = y^x \ln^2 y + y(y-1)x^{y-2}$, $\quad z_{yy} = x(x-1)y^{x-2} + x^y \ln^2 x$,

$\quad z_{xy} = z_{yx} = x^{y-1}(1 + y \ln x) + y^{x-1}(1 + x \ln y)$.

17.16: Ja.

17.17: $\alpha = 0 \vee \alpha = -\dfrac{1}{2}$.

17.18: a) $dz = \dfrac{y\,dx - x\,dy}{(x+y)^2}$.　　b) $dz = \dfrac{x\,dx + y\,dy}{\sqrt{x^2 + y^2 + 5}}$.

c) $dz = \dfrac{1}{\sqrt{x^2 + y^2}}\left[\dfrac{x\,dx}{y + \sqrt{x^2 + y^2}} + dy\right]$.

d) $dz = \dfrac{1}{2}\left[\left(\dfrac{1}{\sqrt{x-y}} + \dfrac{1}{x}\right)dx + \left(\dfrac{1}{y} - \dfrac{1}{\sqrt{x-y}}\right)dy\right]$.

f) $dz = \dfrac{2}{y \sin\dfrac{2x}{y}}\left(dx - \dfrac{x}{y}\,dy\right)$.

17.19: $dz = -\dfrac{8}{x}\,dx + \dfrac{4}{y}\,dy$. Für $|\Delta z - dz|$ ergibt sich: α) 2,347; β) 0,144; γ) 0,006 ($dz = 0$ exakt!).

17.20: a) $\Phi(x, y) = x^2 + x^2 y^4 + y^3$.　　b) Nein.　　c) $\Phi(x, y) = \dfrac{1}{9} e^{3y}[3y + 18x - 1] + \cos^4 x$.

d) $\Phi(x, y) = \dfrac{-2y}{x+y}$.　　e) $\Phi(x, y) = \sqrt{x}\, e^{\sin xy}$.

17.21: $\alpha = -1$, $z = e^{-xy} - \dfrac{1}{4}\ln\left|\dfrac{x-1}{x+1}\right| + \dfrac{1}{2}\arctan x + C$.

17.22: a) $d^2 z = 2\,dx\,dy$.　　b) $d^2 z = -[\sin(s+t)][ds + dt]^2$.

c) $d^2 z = e^{uv}([v\,du + u\,dv]^2 + 2\,du\,dv)$.

d) $d^2 z = (\ln y)\,dx^2 + 2\left[\dfrac{x}{y} + \sin 2y\right]dx\,dy + \dfrac{x}{2}\left[4\cos 2y - \dfrac{x}{y^2}\right]dy^2$.

17.23: a) $2x_0 x + 2y_0 y - z = x_0^2 + y_0^2$.　　b) $8x + 4y - z = 10$.

c) $x + \sqrt{2}\,y + 2z = 4$.

17.24: $2xx_0 + y - z = x_0^2$; $P(0; t; t)$, $t \in R^1$; F ist ein parabolischer Zylinder.

17.25: $-\dfrac{1}{\sqrt{x_0}}(a - \sqrt{x_0} - \sqrt{y_0})(x - x_0) - \dfrac{1}{\sqrt{y_0}}(a - \sqrt{x_0} - \sqrt{y_0})(y - y_0) = z - (a - \sqrt{x_0} - \sqrt{y_0})^2$

unter der Bedingung $x_0 > 0$, $y_0 > 0$. Gilt weiter $\sqrt{x_0} + \sqrt{y_0} \neq a$, so läßt sich die Gleichung von τ in der Form $\dfrac{x}{a\sqrt{x_0}} + \dfrac{y}{a\sqrt{y_0}} + \dfrac{z}{a(a - \sqrt{x_0} - \sqrt{y_0})} = 1$ angeben. Hieraus ist die Behauptung ablesbar.

17.26: $|\Delta M| \approx |dM| \leq 28,9\ \text{cm}^2$, $\quad \dfrac{|\Delta M|}{M} \approx \dfrac{|dM|}{M} \leq 0,006\,2$.

17.27: 7%.

17.28: $0,2$.

17.29: $|dR| \leqq 0,688\,\Omega$, $\left|\dfrac{dR}{R}\right| \cdot 100\% = 0,61\%$.

17.30: $|\Delta f| \leqq 0,034$, $\left|\dfrac{\Delta f}{f}\right| \leqq 1\%$.

17.31: $0,164\,5\,‰$ bzw. $0,289\,8\,‰$.

17.32: $|\Delta V| \approx |dV| \leqq 23,4\text{ cm}^3$, $\left|\dfrac{\Delta V}{V}\right| \approx \left|\dfrac{dV}{V}\right| \leqq 0,061$.

17.33. $a = (1\,101,57 \pm 10,78)$ m.

17.34: $c = (65,5 \pm 0,4)$ m, $\left|\dfrac{\Delta c}{c}\right| \leqq 0,61\%$.

17.35: $(2 + 1,745\,4\,|\cot\alpha|)\,\%$, minimal für $\alpha = \dfrac{\pi}{2}$.

17.36:   a) $\dot z = 2\,[\sin 2t + \cos 2t]$.   b) $\dot z = \dfrac{6t^4 - 2}{t^5 - t}$.   c) $\dot z = t^{t-2}[t\ln(te) - 1]$.

17.37:   a) $\dot z(t) = \sqrt{\dfrac{x-y}{x+y}} \cdot \dfrac{x\dot y - \dot x y}{(x-y)^2}$.   b) $\dot z(t) = \dfrac{y\dot x + x\dot y}{\cos^2 xy}$.

   c) $\dot z(t) = yx^{y-1}\dot x + \dot y x^y \ln x$.

17.38:   a) $F''(x) = z_{xx} + 2z_{xy}g' + z_y g'' + z_{yy}g'^2$.

   b) $F'\!\left(\dfrac{\pi}{2}\right) = \dfrac{2}{2+\pi}$, $F''\!\left(\dfrac{\pi}{2}\right) = -\dfrac{2(\pi+4)}{(\pi+2)^2}$.

17.39: $T = -4v^2 f_{xy}$.

17.40:   a) $\alpha_1: \dfrac{\partial z}{\partial s}\bigg|_P = -8 - 6\sqrt{3}$, $\alpha_2: \dfrac{\partial z}{\partial s}\bigg|_P = 6 - 8\sqrt{3}$.

   b) $0,7 \cdot \sqrt{2}$.   c) $\alpha_1 : 1,\ \alpha_2 : 0$.

17.41:   a) $\alpha = -\dfrac{\pi}{4}$, $\tan\varphi = 2\sqrt{2}$.   b) $\alpha = \dfrac{\pi}{3}$, $\tan\varphi = 2$.

   c) $\alpha = \dfrac{5}{6}\pi$, $\tan\varphi = 4$.   d) $\alpha = -\dfrac{5}{6}\pi$, $\tan\varphi = 2\sqrt{3}$.

17.42: $\tan\alpha_0 = 6$, $c = \dfrac{\sqrt{37}}{74}$.

17.43:   a) $\Delta z = 2g''$.   b) $\Delta z = (x^2 + y^2)g''$.   c) $\Delta z = \dfrac{x^2 + y^2}{y^4}g'' + \dfrac{2x}{y^3}g'$.

   d) $\Delta z = g'' + (x^2 + y^2)^{-1/2}g'$.

17.44:   c) $z_x = \dfrac{g}{\left(1 - \dfrac{x}{y}g'\right)}$, $z_y = \dfrac{xzg'}{xyg' - y^2}$ und $z = xg$ beachten.

17.45: $z_x^2 + z_y^2 = \dfrac{1}{u^2 + v^2}\,(z_u^2 + z_v^2)$.

18.1: a) Nur P_1, P_2, P_3 erfüllen (*).

b) P_1: Wegen $F_x(P_1) = F_y(P_1) = 0$ ist die Auflösbarkeit so nicht zu entscheiden;
P_2: $F_x(P_2) = 0$, $F_y(P_2) \neq 0$, somit ist (*) nach y auflösbar, $y'|_{P_1} = 0$;

P_3: $F_x(P_3) = F_y(P_3) = \dfrac{1}{4}$, Auflösbarkeit von (*) nach x und y ist gesichert,

$$\dfrac{\mathrm{d}x}{\mathrm{d}y}\bigg|_{P_3} = \dfrac{\mathrm{d}y}{\mathrm{d}x}\bigg|_{P_3} = -1.$$

18.2: a) $y'(0) = 1$.   b) $y'(1) = \dfrac{\pi + 6}{e + 1}$.   c) $y'(1) = -\dfrac{\dfrac{\pi}{2}(e^{\pi/2} + 2)}{(e^{\pi/2} + 1)}$.

d) $y'(2) = \dfrac{1}{3}$.   e) $y'(x) = -\dfrac{(x + y)(1 + y^2)}{x(1 + x^2)[(1 + y^2)\ln x - 1]}$, $y'(1) = \dfrac{1}{2}$.

18.3: $y'(x) = \dfrac{y}{1 + y}$, $y''(x) = \dfrac{y}{(1 + y)^3}$, $c = 4$.

18.4: a) $y = x - 3$.   b) $y = y_1 + \dfrac{1}{2}\left[\dfrac{e^{\frac{x_1}{2}}\cos^2 y_1 - 2y_1}{1 + x_1 + e^{\frac{x_1}{2}}\sin 2y_1}\right](x - x_1)$. $P(0;0): y = \dfrac{x}{2}$.

18.5: $f''(x) = -\dfrac{6x}{e^{y^2}(1 + 2y^2)} - \dfrac{18y(x^2 - 1)^2(3 + 2y^2)}{e^{2y^2}(1 + 2y^2)^3}$; f besitzt bei $x = 1$ ein relatives Maximum
mit $f(1) = 0$.

18.6: b) $y''(x) = \dfrac{2\sin y}{(2\cos y - 1)^3}$, $y''\left(\dfrac{\pi}{2} - 2\right) = -2$.

18.7: a) $z_x(4; 3) = 1$, $z_y(4; 3) = \dfrac{3}{4}$.   b) $z_x(5; -1) = 0$, $z_y(5; -1) = -\dfrac{1}{6}$.

c) $z_x(7; 4) = \dfrac{1}{(x - z)\ln 2 + 1}\bigg|_{(7; 4; -1)} = \dfrac{1}{8\ln 2 + 1}$,

$z_y(7; 4) = \dfrac{-2y}{2^{-z}[(x - z)\ln 2 + 1]}\bigg|_{(7; 4; -1)} = \dfrac{-4}{8\ln 2 + 1}$.

18.8: $P(x, y) = -29 - 34(x + 1) - 21(y - 3) + 54(x + 1)^2 - 12(x + 1)(y - 3)$
$\qquad - 4(y - 3)^2 - 36(x + 1)^3 + 18(x + 1)^2(y - 3) + 9(x + 1)^4$
$\qquad - 12(x + 1)^3(y - 3) + 3(x + 1)^4(y - 3)$,
Tangentialebene: $z = -34x - 21y$.

18.9: a) $z = -3x + (y - 1) - \dfrac{9}{2}x^2 + \dfrac{1}{2}(y - 1)^2$.

b) $z = 2(x - 1) - (y - 1) + (x - 1)(y - 1) - \dfrac{1}{2}(y - 1)^2$.

c) $z = (y - 1) + x^2 - \dfrac{1}{2}(y - 1)^2$.

d) $z = \dfrac{\pi}{4} - x + y + \dfrac{1}{4}(x^2 - y^2)$.   e) $z = 2 - (x - 2) + 2y + (x - 2)^2 + (x - 2)y - 3y^2$.

f) $z = 1 - \dfrac{1}{2}(x^2 + y^2)$.

18.10: $z = x - y + x^2 - y^2 + R_2$ mit

$$R_2 = \frac{1}{6}\, e^{\vartheta(x+y)}\big[[3 + \vartheta(x - y)]x^3 + 3[1 + \vartheta(x - y)]x^2y + 3[-1 + \vartheta(x - y)]xy^2$$

$$+ [-3 + \vartheta(x - y)]y^3\big],\ 0 < \vartheta < 1,\ z(0{,}1;\ 0{,}2) = -0{,}13 + R_2,$$

$$0{,}004\,5 < |R_2(\vartheta)| < 0{,}004\,95 \cdot e^{0,3}.$$

18.11: a) In $P(0|0)$ rel. Min. mit $z(0;\ 0) = 1$. b) $z(x, y) = 1 + 3x^2 + \frac{1}{2}y^2 + R_2$.

18.12: Für $C = 225$ ist die x, y-Ebene Tangentialebene in $(2;\ 1;\ 0)$.

18.13: a) Rel. Min. in $P(1;\ 1)$ mit $z(P) = -5$.

   b) Rel. Min. in $P(1;\ -3)$ mit $z(P) = -7$.

   c) Rel. Min. in $P(2;\ 2)$ mit $z(P) = -16$.

   d) Rel. Max. in $P_1(0;\ 3)$ mit $z(P_1) = 27$, rel. Min. in $P_2(0;\ -1)$ mit $z(P_2) = -5$.

   e) Rel. Max. in $P(0;\ 2)$ mit $z(P) = 4$.

   f) Rel. Min. in $P_1(1;\ -2)$ und $P_2(-1;\ -4)$ mit $z(P_1) = z(P_2) = -10$.

18.14: a) Rel. Minima in $P_{1/2}(\pm 2;\ 0)$ mit $z(P_{1/2}) = 1\,001$.

   b) Rel. Max. in $P(a;\ a)$ mit $z(P) = a^3$.

   c) Rel. Min. in $P\left(1;\ \ln\frac{4}{3}\right)$ mit $z(P) = 1 - \ln\frac{4}{3}$,

   d) Rel. Min. in $P_1(a;\ a)$, $P_2(-a;\ -a)$ mit $z(P_{1/2}) = 6a^4$.

   e) Rel. Min. in $P_1(1;\ 1)$, $P_2(-1;\ -1)$ mit $z(P_{1/2}) = 0$.

   f) f hat keine relativen Extrema.

   g) Rel. Min. in $P_1(0;\ 0)$, $z(P_1) = 0$, rel. Max. in $P_{2/3}(0;\ \pm 1)$ mit $z(P_{2/3}) = \dfrac{2}{e}$.

18.15: Als kritische Punkte erhält man $Q_1(\pm 1;\ m\pi)$, $Q_2\left(0;\ \dfrac{\pi}{2} + m\pi\right)$, $Q_3\left(\pm\sqrt{3};\ \dfrac{\pi}{2} + m\pi\right)$, $m \in G$.
Es ergeben sich rel. Minima für $P_1(1;\ 2k\pi)$, $P_2(-1;\ [2k + 1]\pi)$ mit $z(P_{1/2}) = -2$, und rel. Maxima für $P_3(1;\ [2k + 1]\pi)$, $P_4(-1;\ 2k\pi)$ mit $z(P_{3/4}) = 2$ und $k \in G$.

18.16: $z_{\max} = 1$ für $P(-1;\ 1)$, $z_{\min} = -\dfrac{27}{16}$ für $Q\left(\dfrac{1}{4};\ -\dfrac{1}{2}\right)$, $|z|_{\max} = \dfrac{27}{16}$ für Q, $|z|_{\min} = 0$ für

$$\left\{(x;\ y)|(x;\ y) \in B \wedge \left(x - \frac{1}{4}\right)^2 + \frac{1}{2}\left(y + \frac{1}{2}\right)^2 = \frac{27}{16}\right\}.$$

18.17: $P\left(\dfrac{1}{n}\sum_1^n x_i;\ \dfrac{1}{n}\sum_1^n y_i\right)$.

18.18: a) Rel. Max. für $P_1\left(\sqrt{1 - c^2}\ ;\ c\right)$ mit $z(P_1) = \dfrac{1}{2}$,

    rel. Min. für $P_2\left(-\sqrt{1 - c^2};\ c\right)$ mit $z(P_2) = -\dfrac{1}{2}$.

   b) $x^2 + y^2 - 1 = 0$ ohne die Punkte $(0;\ 1)$ und $(0;\ -1)$.

18.19: a) $P_1(3;\ 3)$, $P_2(-3;\ -3)$, $P_3(1;\ -1)$, $P_4(-1;\ 1)$.

   b) $P_1(0;\ -1)$, $P_2(-1;\ 0)$, $P_3\left(-\dfrac{1}{\sqrt[3]{2}};\ -\dfrac{1}{\sqrt[3]{2}}\right)$. c) $P_1(0;\ 2;\ 1)$, $P_2(0;\ -2;\ 1)$.

d) $P_{1/2}(\pm\sqrt{3}\,; 0; 0)$, $P_{3/4}(0; \pm\sqrt{3}\,; 0)$, $P_{5/6}(0; 0; \pm\sqrt{3}\,)$,

$P_{7/8}(\pm 1; \pm 1; \pm 1)$, $P_{9/10}(\pm 1; \pm 1; \mp 1)$, $P_{11/12}(\pm 1; \mp 1; \pm 1)$, $P_{13/14}(\mp 1; \pm 1; \pm 1)$.

e) $P_{1/2}(0; \pm 2)$, $P_{3/4}\left(\pm\sqrt{6}\,; \dfrac{2}{3}\sqrt{3}\right)$, $P_{5/6}\left(\pm\sqrt{6}\,; -\dfrac{2}{3}\sqrt{3}\right)$.

18.20: a) Abs. Min. bei $P(3; 3)$ mit $z(P) = 9$.

b) Abs. Min. bei $P_1(-1; 0)$ mit $z(P_1) = 1$,

abs. Max. bei $P_2(5; 0)$ mit $z(P_2) = 25$.

c) Rel. Max. bei $P_1(-1; 0)$ mit $z(P_1) = 2$,

abs. Minima bei $P_{2/3}\left(-\dfrac{1}{4}; \pm\dfrac{\sqrt{3}}{2}\right)$ mit $z(P_{2/3}) = \dfrac{7}{8}$.

18.21: Für $P(1; 2)$ gilt $z_x|_P = z_y|_P = 0$ und $z_{xx}z_{yy} - z_{xy}^2|_P = -12 < 0$,

Max. für $-2-\sqrt{3} < m < -2+\sqrt{3}$, Min. für $m < -2-\sqrt{3} \vee m > -2+\sqrt{3}$.

18.22: $P_{1/2}(\pm\sqrt{3}\,; \pm 1)$.

18.23: $P_{1/2}(\pm 1; \mp 1)$, $P_{3/4}\left(\pm\dfrac{1}{\sqrt{3}}; \pm\dfrac{1}{\sqrt{3}}\right)$; (Bild 18.1).

18.24: $a = \sqrt{2}\,u$, $b = \sqrt{2}\,v$, $A_{\min} = 2uv\pi$.

18.25: $P_1(6; -3; 72)$, $P_2(-2; 1; 8)$.

18.26: $P(2; 4; 6)$, $f_{\min} = 3$.

18.27: $P_{\min}\left(\dfrac{1}{2}; \dfrac{\sqrt{7}}{2}; 2\right)$, $d_{\min} = \dfrac{9}{2}$.

18.28: $\dfrac{41}{4\sqrt{21}}$.

18.29: Würfel mit Kantenlänge $\sqrt[3]{V}$.

18.30: Kantenlängen: $\dfrac{2a}{\sqrt{3}}$, $\dfrac{2b}{\sqrt{3}}$, $\dfrac{2c}{\sqrt{3}}$.

18.31: $x = y = \dfrac{a}{2\sin\dfrac{\alpha}{2}}$, $A_{\max} = \dfrac{a^2}{4}\cot\dfrac{\alpha}{2}$ (Bild 18.2).

18.32: $r = h = \sqrt[3]{\dfrac{3V}{5\pi}}$, $O_{\min} = \sqrt[3]{45V^2\pi}$.

18.33: $F(x, y; \lambda) = y(1 - x) + \lambda(x^2 + y^2 - 1)$, Basisecken $\left(-\dfrac{1}{2}; \pm\dfrac{1}{2}\sqrt{3}\right)$.

18.34: $F(\varphi_1, \varphi_2, \ldots, \varphi_n; \lambda) = \dfrac{r^2}{2}\sum_1^n \sin\varphi_i + \lambda\left[\left(\sum_1^n \varphi_i\right) - 2\pi\right]$,

man erhält das regelmäßige n-Eck (Bild 18.3).

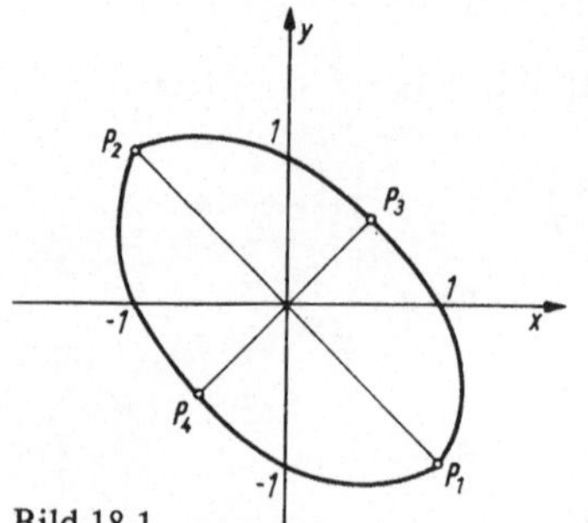

Bild 18.1

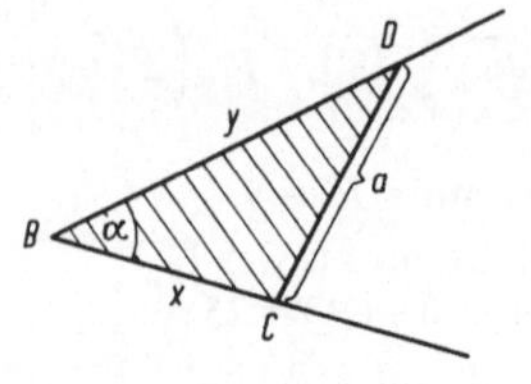

Bild 18.2

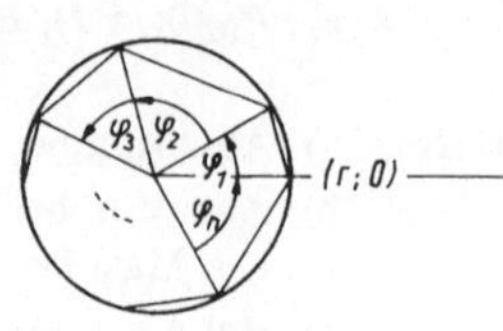

Bild 18.3

18.35: $\tilde{x}_l = \dfrac{a_l}{\sum\limits_{k=1}^{n} a_k^2}$, $(l = 1(1)n)$. Daß $\tilde{z}(\tilde{x}_1, \ldots, \tilde{x}_n) = \dfrac{1}{\sum\limits_{k=1}^{n} a_k^2}$ absolutes Minimum ist,

folgt mit der Schwarzschen Ungleichung.

18.36: a) $y = 2{,}2x + 1{,}6.$ b) $y = 14{,}6 - 10{,}8x + 2x^2.$

c) $y = 18{,}46 - \dfrac{6{,}65}{x}.$ d) $y_1 = 3{,}4x - 2{,}1;$

$\qquad\qquad\qquad\qquad y_2 = 0{,}01 + 2{,}34x - 2{,}67x^2 + x^3.$

18.37: $a = -0{,}030\,7$, $b = 1{,}618\,0$, $g(t) = 5{,}043\,0\mathrm{e}^{-0{,}030\,7t}.$

18.38: $y = -\dfrac{0{,}222\,8}{x} - 0{,}346\,6$, $S_{\min} = 0{,}034\,3.$

18.39: $p \cdot V^{1{,}405} = 16\,032.$

18.40: a) $a = 6(3 - \mathrm{e})$, $b = 2(2\mathrm{e} - 5).$ b) $a = \dfrac{36}{35}$, $b = -\dfrac{4}{35}.$

18.41: $y = \dfrac{2}{25}x + \dfrac{8}{3}.$

18.42: $a = 0{,}988$, $b = -0{,}142.$

18.43: Einsetzen in die Ellipsengleichung ergibt eine quadratische Gleichung in r. Daraus erhält man

$$r = \frac{b^2\left(a - \sqrt{a^2 - b^2}\,\cos\varphi\right)}{a^2 \sin^2\varphi + b^2 \cos^2\varphi} = \frac{b^2}{a(1 + \varepsilon\cos\varphi)}.$$

18.45: a) $D = abu.$ b) $D = -(u^2 + v^2).$ c) $D = \mathrm{e}^u \cdot \dfrac{\cosh^2 v}{\cos^2 w}.$

d) $D = \dfrac{4u^2 w(1 + \sin^2 v)}{\cos^2 w^2}.$

19.1: $\operatorname{grad} U = \left(yz[3x^2 + y^2 - z^2];\ xz[x^2 + 3y^2 - z^2];\ xy[x^2 + y^2 - 3z^2]\right)^{\mathsf{T}};$

a) für die Punkte der Koordinatenachsen und die Punkte $P(0; y; z)$ mit $|y| = |z|$ bzw. $P(x; 0; z)$ mit $|x| = |z|;$

b) für die Punkte der Ebenen $x = 0$ und $y = 0$ und die Mantelpunkte des Doppelkegels mit der Gleichung $x^2 + y^2 = 3z^2.$

19.2:   a) $\operatorname{div} \boldsymbol{v} = -\left(\dfrac{yz}{x^2} + \dfrac{xz}{y^2} + \dfrac{xy}{z^2}\right).$ b) $\operatorname{rot} \boldsymbol{v} = \left(\dfrac{x}{z} - \dfrac{x}{y}; \; \dfrac{y}{x} - \dfrac{y}{z}; \; \dfrac{z}{y} - \dfrac{z}{x}\right)^{\mathsf{T}}.$

     c) $\operatorname{grad}\operatorname{div} \boldsymbol{v} = \left(\dfrac{2yz}{x^3} - \dfrac{z}{y^2} - \dfrac{y}{z^2}; \; -\dfrac{2xz}{y^3} - \dfrac{z}{x^2} - \dfrac{x}{z^2}; \; \dfrac{2xy}{z^3} - \dfrac{y}{x^2} - \dfrac{x}{y^2}\right)^{\mathsf{T}}.$

     d) $\operatorname{div}\operatorname{rot} \boldsymbol{v} = 0.$ e) $\operatorname{rot}\operatorname{rot} \boldsymbol{v} = \left(-\dfrac{z}{y^2} - \dfrac{y}{z^2}; \; -\dfrac{x}{z^2} - \dfrac{z}{x^2}; \; -\dfrac{y}{x^2} - \dfrac{x}{y^2}\right)^{\mathsf{T}}.$

     f) $\operatorname{div}\operatorname{grad}\operatorname{div} \boldsymbol{v} = -6\left(\dfrac{yz}{x^4} + \dfrac{xz}{y^4} + \dfrac{xy}{z^4}\right).$

19.3:   a) $\operatorname{grad} U = (2xz + yz\cdot e^{xyz}; \; -2yz + xz\,e^{xyz}; \; (x^2 - y^2) + xy\,e^{xyz})^{\mathsf{T}}.$

     b) $\operatorname{div} \boldsymbol{v} = 2xyz(yz + xy + xz).$ c) $\operatorname{rot} \boldsymbol{v} = \left(0; \; 0; \; \dfrac{xy - x}{1 + x^2y^2} + \arctan(xy)\right)^{\mathsf{T}}.$

     d) $\operatorname{rot}\operatorname{rot} \boldsymbol{v} = (y\,e^z; \; x\,e^z; \; 2)^{\mathsf{T}}.$ e) $\operatorname{div} \boldsymbol{v} = yz^2.$

19.4:   Ergebnisse für $\operatorname{grad} U$:

     a) $[2; 5; -6]^{\mathsf{T}}.$ b) $\boldsymbol{a}.$ c) $\boldsymbol{r}^{\circ}.$ d) $[yz; xz; xy]^{\mathsf{T}}.$ e) $-\dfrac{1}{r^3}\,\boldsymbol{r}.$

     g) $2\boldsymbol{r}.$ h) $nr^{n-2}\boldsymbol{r}.$ i) $\dfrac{1}{r}\boldsymbol{r}^{\circ}.$ j) $\dfrac{\boldsymbol{r} - \boldsymbol{a}}{|\boldsymbol{r} - \boldsymbol{a}|}.$

     k) $[-2x; -2y; 0]^{\mathsf{T}}.$ l) $2\left[\dfrac{x}{a^2}, \dfrac{y}{b^2}; \dfrac{z}{c^2}\right]^{\mathsf{T}}.$

     n) $2[a^2\boldsymbol{r} - (\boldsymbol{ar})\boldsymbol{a}].$ o) $r^{n-2}[r^2\boldsymbol{a} + n(\boldsymbol{ar})\boldsymbol{r}].$

Als Niveauflächen ergeben sich in:

a), b) Parallele Ebenen.   c) Konzentrische Kugeln mit $M(0; 0; 0)$.

d) $z = \dfrac{c}{xy}.$ e) Konzentrische Kugeln mit $M(0; 0; 0)$.

f) Rotationsparaboloide um z-Achse mit Scheitel $S(0; 0; c)$.

g), h), i) Konzentrische Kugeln mit $M(0; 0; 0)$.

j) Konzentrische Kugeln mit $(a_1; a_2; a_3)$.

k) Koaxiale Zylinder um z-Achse.

l) Konzentrische Ellipsoide.

19.5:   Die Niveauflächen sind parallele Ebenen; $\operatorname{grad} U = [2; -1; 1]^{\mathsf{T}}$; $\alpha) \; \dfrac{5}{\sqrt{30}}$; $\beta) \; \sqrt{6}$; $\gamma) \; 0$.

19.6:   a) $\operatorname{grad} U(P) = [5; 5; 6]^{\mathsf{T}}.$ b) $\dfrac{33}{\sqrt{14}}.$ c) $\sqrt{86}.$

19.7:   a) $\dfrac{2}{3}(\sin 5 - 1).$ b) $\dfrac{11}{24}\sqrt{6}.$ c) $\dfrac{1}{3}.$ d) $\dfrac{2(a + b + c)}{\sqrt{a^2 + b^2 + c^2}}.$

19.8: $P_{1/2}(\pm a; 0; 0)$ mit minimaler Länge $\dfrac{2}{a}$, $P_{3/4}(0; 0; \pm c)$ mit maximaler Länge $\dfrac{2}{c}$.

19.9: $\boldsymbol{E} = \left(\dfrac{2}{r^4} - 6\right)\boldsymbol{r}$; $(|\boldsymbol{r}| = r)$, Kugel um Ursprung mit $r_0 = \dfrac{1}{\sqrt[4]{3}}.$

19.10:   a) Keine Quellen: $\operatorname{div} \boldsymbol{a} = 0$, kein Wirbel: $\operatorname{rot} \boldsymbol{a} = \boldsymbol{0}$

        b) Quellen: $\operatorname{div} \boldsymbol{a} \neq 0$, keine Wirbel: $\operatorname{rot} \boldsymbol{a} = \boldsymbol{0}$

        c), d, e) Keine Quellen: $\operatorname{div} \boldsymbol{a} = 0$, Wirbel: $\operatorname{rot} \boldsymbol{a} \neq \boldsymbol{0}$

        f) Quellen: $\operatorname{div} \boldsymbol{a} \neq 0$, Wirbel: $\operatorname{rot} \boldsymbol{a} \neq \boldsymbol{0}$

19.11: a) $x(z^2 + 9)$.   b) $\boldsymbol{0}$.   c) Sinnlos, denn für x als Skalar ist das Kreuzprodukt nicht erklärt.   d), e) Sinnlos, der Gradient eines Vektors ist nicht bildbar.   f) Sinnlos, die Divergenz eines Skalarfeldes ist nicht erklärt.   g) $-(x + y)\boldsymbol{e}_3$.   h) 0.

19.12: Nicht definiert: a), d).

19.13: a) 3.   b) $\boldsymbol{0}$.   c) 0.   d) $2\boldsymbol{a}$.   e) $-\dfrac{1}{r^3}\boldsymbol{r}$.   f) 0.   g) 0.

   h) $\operatorname{div}\boldsymbol{r}^3 = \operatorname{div}(r^2\,\boldsymbol{r}) = \boldsymbol{r}\operatorname{grad} r^2 + r^2\operatorname{div}\boldsymbol{r} = \boldsymbol{r}\,2r\dfrac{\boldsymbol{r}}{r} + 3r^2 = 5r^2$.

19.14: a) $\operatorname{rot}\boldsymbol{v} \equiv \boldsymbol{0}$.   b) $a = 1$.   c) $a = \dfrac{1}{2}$, $b = 0$, $n = 2$.   d) $\lambda = 12$.

19.16: a) $\operatorname{div}\boldsymbol{r} = 3$.   b) $\operatorname{rot}\boldsymbol{r} = \boldsymbol{0}$.   c) $\operatorname{grad} r^2 = 2\boldsymbol{r}$.   d) $\operatorname{rot}\boldsymbol{r}^3 = \boldsymbol{0}$.

   e) $\operatorname{div}\boldsymbol{r}^3 = 5r^2$ (siehe Lösung 19.13.h)).   f) $\operatorname{grad}\dfrac{1}{r} = -\dfrac{1}{r^3}\boldsymbol{r}$.

   g) $\operatorname{div}\boldsymbol{r}^0 = \dfrac{2}{r}$.   h) $\operatorname{div}\dfrac{\boldsymbol{r}}{r^3} = 0$.   i) $\operatorname{grad}(\boldsymbol{a}\boldsymbol{r}) = \boldsymbol{a}$.

   j) $\operatorname{rot}(\boldsymbol{a}\times\boldsymbol{r}) = 2\nabla(\boldsymbol{a}\boldsymbol{r}) = \boldsymbol{a}\dfrac{\boldsymbol{r}}{r^2}\nabla r^2 = 2\boldsymbol{a}$.

19.18: $\operatorname{rot}\boldsymbol{H} = \boldsymbol{0}$, $\operatorname{div}\boldsymbol{H} = 0$.

19.19: $\operatorname{rot}\boldsymbol{E} = \boldsymbol{0}$, $\operatorname{div}\boldsymbol{E} = 0$.

19.20: a) 1.   b) $\boldsymbol{0}$.   c) 2.   d) $\boldsymbol{0}$.

19.21: a) $f(r) = \dfrac{C}{r^3}$ $(r \neq 0)$.   b) $f(r)$ beliebig, wenn $\operatorname{grad} f(r)$ existiert.

19.22: a) $f'(r) + \dfrac{2}{r}f(r) = \dfrac{1}{r^2}$, $f(r) = \dfrac{C}{r^2} + \dfrac{1}{r}$.

   b) $f'(r) + \dfrac{3}{r}f(r) = \dfrac{1}{r^4}$, $f(r) = \dfrac{1}{r^3}(C + \ln r)$.

19.23: $\Delta f = f''(r) + \dfrac{2}{r}f'(r)$, $\Delta f(r) = 0$: $f(r) = \dfrac{C_1}{r} + C_2$.

19.24: a) $r^2 f''(r) + 10rf'(r) + 20f(r) = \ln r$, $f(r) = \dfrac{1}{r^4}C_1 + \dfrac{1}{r^5}C_2 - \dfrac{9}{400} + \dfrac{1}{20}\ln r$.

   b) $r^2 f''(r) + 4rf'(r) + 2f(r) = \dfrac{1}{r^2}$, $f(r) = \dfrac{1}{r}C_1 + \dfrac{1}{r^2}C_2 - \dfrac{1}{r^2}\ln r$.

20.1: a) $h'(t) = \dfrac{1}{t}$.   b) $g'(y) = \dfrac{2}{3y^3}$.   c) $G'(t) = -\dfrac{\sinh t}{t}$.

   d) $F'(x) = \dfrac{1}{2}\ln\dfrac{x^2 + 4}{x^2 + 1}$.   e) $w'(x) = x$.

20.2: a) $f'(x) = \dfrac{1}{x^2}(e^{-x^2} - 1) + 2e^{-x^2}$.   b) $f'(x) = 1 + \dfrac{1}{3}\ln|1 + x^3|$.

   c) $f'(x) = \dfrac{|x^2 - 5x + 6|}{x}$.   d) $f'(x) = \sqrt{1 + x^4}$.

   e) $f'(x) = \dfrac{3}{x}\ln(1 + x^3) - \dfrac{2}{x}\ln(1 + x^2)$.   f) $f'(x) = \dfrac{1}{x}\ln\dfrac{1 + x^2}{2} + 6x\cdot\dfrac{\ln x}{1 + x^2}$.

   g) $f'(x) = \sqrt{1 + x^4}$.   h) $f'(x) = \dfrac{1 + 5x^4}{x + x^5}\sin(x + x^5) - \dfrac{3}{x}\sin x^3$.

20.3:   a) $F''(y) = \int\limits_{x=\text{const}}^{y} f_{yy}(x, y)\,\mathrm{d}x + 2f_y(y, y) + f_x(y, y).$

b) $F''(y) = \dfrac{y\cos y + 4\sin y + 8}{2\sqrt{2 + \sin y}}.$

20.4:   Für $h(z) = C_1 z + C_0$ (C_1, C_0 Konstanten) ist $a \neq 0$ beliebig, andernfalls $|a| = 1$.

20.5: $\dot{F}(t) = -\dot{u}(t)f[u(t), t] + \dot{v}(t)f[v(t), t] + \int\limits_{u(t)}^{v(t)} f_t(x, t)\,\mathrm{d}x.$

$\dot{F}_1(t) = \dfrac{1}{t}\,(3\sin t^3 - 2\sin t^2).$

20.7: $I_1(x) = -\dfrac{\partial I}{\partial y}\Big|_{y=1} = \dfrac{x}{\sqrt{1 - x^2}}.$

20.8:   a) $(e - 1)^2.$ b) $\dfrac{\pi}{2}.$ c) $\dfrac{1}{2}.$ d) $-\dfrac{63}{2}.$ e) $\dfrac{1}{3}\left(13\ln 2 - \dfrac{59}{12}\right).$

g) $2 - \sqrt{2}.$ h) $\dfrac{1}{3}(1 - e)^2.$ i) e.   j) $\dfrac{1}{2}(e^\pi - 1).$ k) $8\pi.$ l) $\dfrac{a^2}{2}.$

m) $\dfrac{ab\pi}{16}(a^2 + b^2).$ n) $\dfrac{2\pi R^3}{3}.$ o) $\int\limits_{x=\frac{1}{\sqrt{3}}}^{\sqrt{3}} \dfrac{1+x}{1+x^2}\,\mathrm{d}x \cdot \int\limits_{y=0}^{1} \dfrac{1+y}{1+y^2}\,\mathrm{d}y \approx 1{,}2145.$

20.9:   a) $\displaystyle\int\limits_{x=0}^{10} \int\limits_{y=0}^{y_0(x)} f(P)\,\mathrm{d}y\,\mathrm{d}x$ mit $y_0(x) = \begin{cases} x & \text{für} \quad 0 \leq x \leq 4, \\ 4 & \text{für} \quad 4 \leq x \leq 6, \\ 10 - x & \text{für} \quad 6 \leq x \leq 10, \end{cases}$ (Bild 20.2).

b) $\displaystyle\int\limits_{y=0}^{4} \int\limits_{x=x_0(y)}^{\sqrt{y}} f(P)\,\mathrm{d}x\,\mathrm{d}y$ mit $x_0(y) = \begin{cases} -\sqrt{y} & \text{für} \quad 0 \leq y \leq 1, \\ y - 2 & \text{für} \quad 1 \leq y \leq 4, \end{cases}$ (Bild 20.3).

c) Bild 20.4.

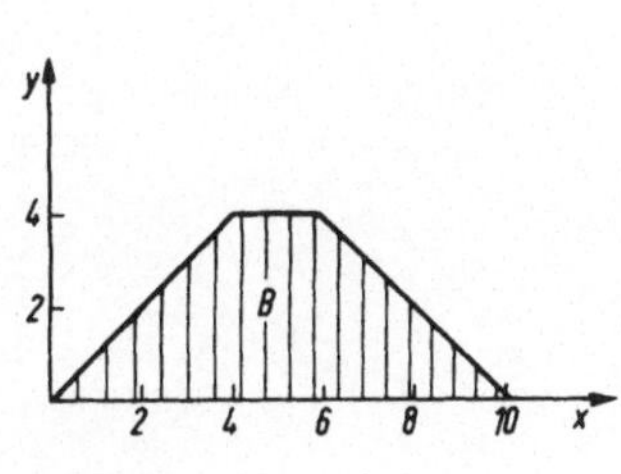

Bild 20.2

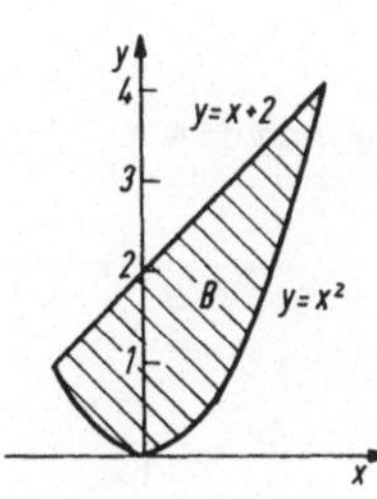

Bild 20.3

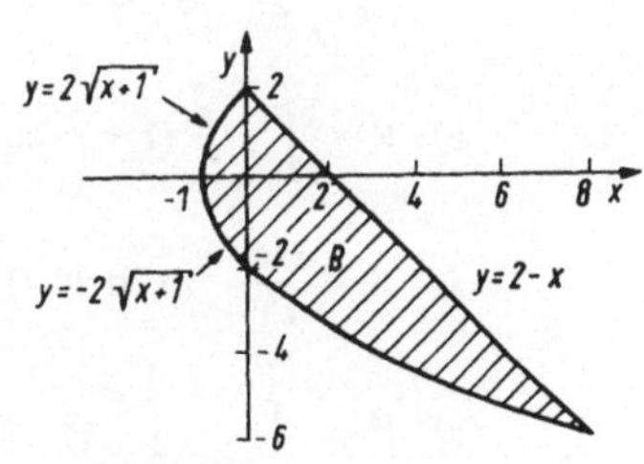

Bild 20.4

d) $\displaystyle\int\limits_{y=-1}^{0} \int\limits_{x=1-\sqrt{1-y^2}}^{1+\sqrt{1-y^2}} f(P)\,\mathrm{d}x\,\mathrm{d}y.$

e) $\displaystyle\int\limits_{y=0}^{1} \int\limits_{x=-\sqrt{1-y^2}}^{1-y} f(P)\,\mathrm{d}x\,\mathrm{d}y$ (Bild 20.5).   f) $\displaystyle\int\limits_{x=0}^{2a} \int\limits_{y=\sqrt{2ax-x^2}}^{\sqrt{2ax}} f(P)\,\mathrm{d}y\,\mathrm{d}x$ (Bild 20.6).

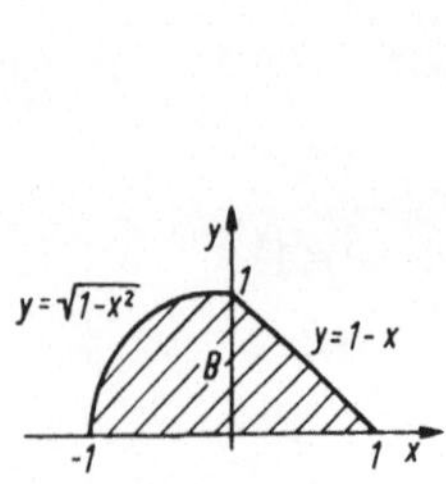

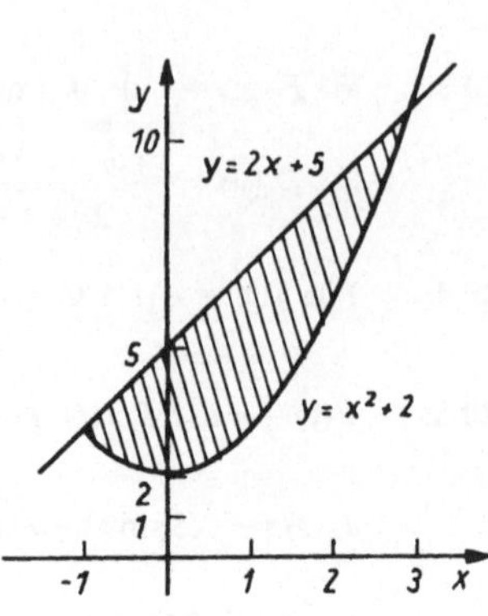

Bild 20.5   Bild 20.6   Bild 20.7

20.10: a) $\dfrac{29}{30}$.   b) $\dfrac{1}{8}(b^4 - a^4)$.   c) $\displaystyle\int\limits_{y=-4}^{6} \int\limits_{x=\frac{y^2}{4}}^{\frac{y}{2}+6} (x + y^2)\,dx\,dy = \dfrac{1\,250}{3}$.   d) $\dfrac{7\,105}{81}$.

e) $\dfrac{112}{3}$.   f) $\displaystyle\int\limits_{x=1}^{2} \int\limits_{y=x}^{2} \dfrac{x-y}{x+y}\,dy\,dx = \dfrac{3}{2} + 3\ln 3 - 7\ln 2 \approx -0{,}056$.

g) $\displaystyle\int\limits_{x=0}^{1} \int\limits_{y=0}^{(1-\sqrt{x})^2} xy\,dy\,dx = \dfrac{1}{280}$.   h) $\displaystyle\int\limits_{y=-2}^{2} \int\limits_{x=-1}^{\sqrt{4-y^2}} (8 - x^2 y)\,dx\,dy = 16(2 + \pi)$.

i) $\dfrac{21}{200}$.   j) $\displaystyle\int\limits_{x=-2}^{1} \int\limits_{y=-\sqrt{\frac{4-x^2}{3}}}^{\sqrt{\frac{4-x^2}{3}}} (x + y)\,dy\,dx = -2$.

20.11: π.

20.12: a) $V = \dfrac{3}{2}$.   b) $V = \dfrac{5}{24}$.   c) $V = 4\displaystyle\int\limits_{x=0}^{\pi/2} \int\limits_{y=0}^{(\pi/2)-x} \cos y\,dy\,dx = 4$.

d) $V = \displaystyle\int\limits_{y=-2}^{1} \int\limits_{x=y^2}^{2-y} (y + 2)\,dx\,dy = \dfrac{27}{4}$.

e) $V = \displaystyle\int\limits_{r=0}^{1} \int\limits_{\varphi=0}^{2\pi} (1 + r^2 \cos\varphi \sin\varphi)\,r\,d\varphi\,dr = \pi$.

f) $V = \dfrac{256}{15}$ (Bild 20.7).

g) $V = \displaystyle\int\limits_{y=-2}^{2} \int\limits_{x=y^2-3}^{1} (8 - 2x - 2y)\,dx\,dy = \dfrac{1\,472}{15}$.

h) $V = \displaystyle\int\limits_{\varphi=0}^{2\pi} \int\limits_{r=\sqrt{2}}^{2} (r^2 \cos^2\varphi + 3)\,r\,dr\,d\varphi = 9\pi$.

i) $V = 2\displaystyle\int\limits_{\varphi=0}^{\pi/2} \int\limits_{r=0}^{4\cos\varphi} 3r \cdot r\,dr\,d\varphi = \dfrac{256}{3}$.

j) $V = \displaystyle\int\limits_{\varphi=0}^{\pi/2} \int\limits_{r=0}^{1} (40 r^2 \sin^2\varphi + 4)\,r\,dr\,d\varphi = \dfrac{7}{2}\pi$.

k) $V = \int\limits_{\varphi=0}^{\pi} \int\limits_{r=0}^{1} (4r^2 \cos^2 \varphi + 3r \sin \varphi) r \, dr \, d\varphi = 2 + \dfrac{\pi}{2}$.

l) $V = \int\limits_{x=1}^{3} \int\limits_{y=0}^{\sqrt{9-x^2}} \left(2xy\, e^{y^2} - \dfrac{y}{x+1}\right) dy \, dx = \dfrac{1}{2}(e^8 - 7 - 8 \ln 2)$.

m) Mit elliptischen Polarkoordinaten $y = \sqrt{2}\, u \cos v$, $z = u \sin v$ wird
$$V = \int\limits_{v=0}^{2\pi} \int\limits_{u=0}^{1} (5 + \sqrt{2}\, u \cos v)\sqrt{2}\, u \, du \, dv = 5\sqrt{2}\,\pi. \qquad \text{n) } V = 2\pi.$$

o) $V = \int\limits_{\varphi=0}^{\pi/4} \int\limits_{r=0}^{1} (r^2 \cos^2 \varphi + r^2 \cos \varphi \sin \varphi) r \, dr \, d\varphi + \int\limits_{x=0}^{\sqrt{2}/2} \int\limits_{y=x}^{\sqrt{2}/2} (x^2 + xy) dy \, dx = \dfrac{\pi}{32} + \dfrac{17}{96}$.

20.13: Unter Beachtung der Symmetrie erhält man $V = 8 \int\limits_{x=0}^{2} \int\limits_{y=0}^{x} (4 - x^2) dy \, dx = 32$.

20.14: $m = 2(\pi + 1)$.

20.15: $m = \dfrac{3}{8}\pi^2 - \pi + \dfrac{2}{3}$.

20.16: $m = \int\limits_{-1}^{2} (3 + 2y)(2y + 3 - 2y^2 + 1) dy = 36 \quad$ (Bild 20.8).

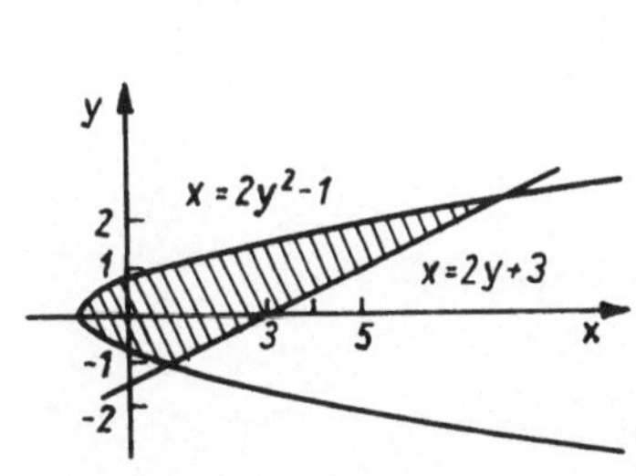

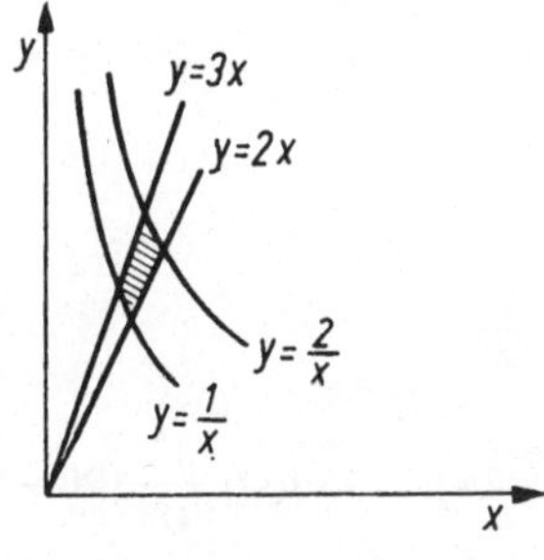

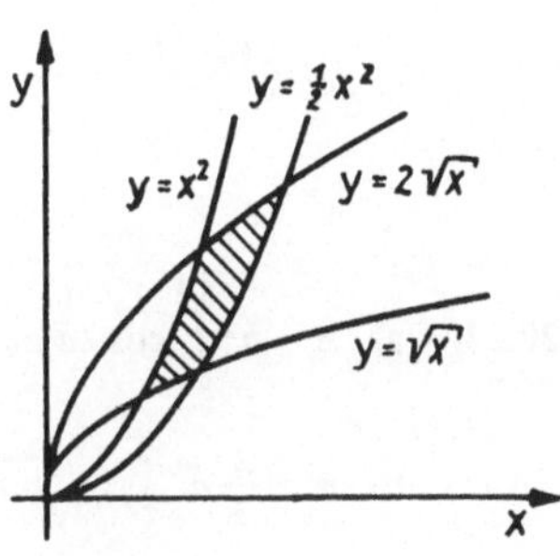

Bild 20.8   Bild 20.9   Bild 20.10

20.17: a) $A = 4$.   b) $m = 3 \int\limits_{0}^{1} (3y^2 - 4y^4 + y^6) dy = \dfrac{36}{35}$.

c) $M_y = 2 \int\limits_{0}^{1} (9y^2 - 18y^4 + 12y^6 - 3y^8) dy = \dfrac{164}{105}$, $x_s = \dfrac{41}{27}$, $y_s = 0$.

20.18: a) $\dfrac{1}{3}$.   b) $\dfrac{3}{10}$.   c) $M_x = M_y = \dfrac{71}{420}$.   d) $S\left(\dfrac{71}{126}; \dfrac{71}{126}\right)$.

20.19: $m = 2\pi ab\left[\dfrac{1}{2}\varrho_1 + \dfrac{1}{12}\varrho_2\right]$.

20.20: $A = \int\limits_{v=p}^{q} \int\limits_{u=a}^{b} \dfrac{1}{3} du \, dv = \dfrac{1}{3}(b - a)(q - p)$.

20.21: a) Transformation: $x = \sqrt{\dfrac{u}{v}}, \quad y = \sqrt{uv},$

Funktionaldeterminante: $D = \dfrac{1}{2v}, \quad A = \displaystyle\int\limits_{u=1}^{2} \int\limits_{v=2}^{3} \dfrac{du\,dv}{2v} = \dfrac{1}{2}\ln\dfrac{3}{2}, \quad m = 1$ (Bild 20.9).

b) $x = \sqrt[3]{\dfrac{v^2}{u^2}}, \quad y = \sqrt[3]{\dfrac{v^4}{u}}, \quad D = -\dfrac{2v}{3u^2}, \quad A = 1, \quad m = -\dfrac{2}{3}\displaystyle\int\limits_{u=1}^{1/2}\int\limits_{v=1}^{2}\dfrac{v^3}{u^3}\,dv\,du = \dfrac{15}{4}$

(Bild 20.10).

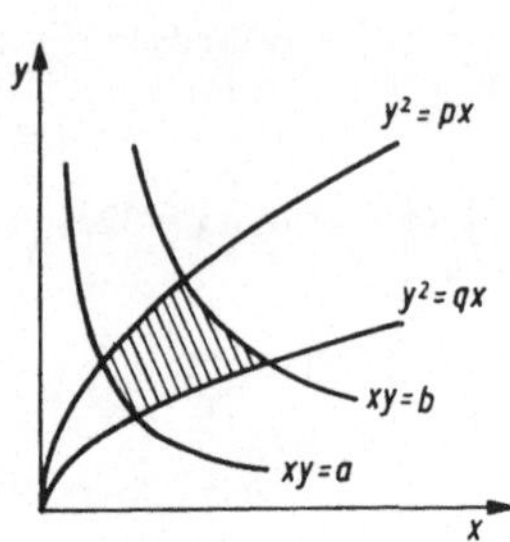

Bild 20.11

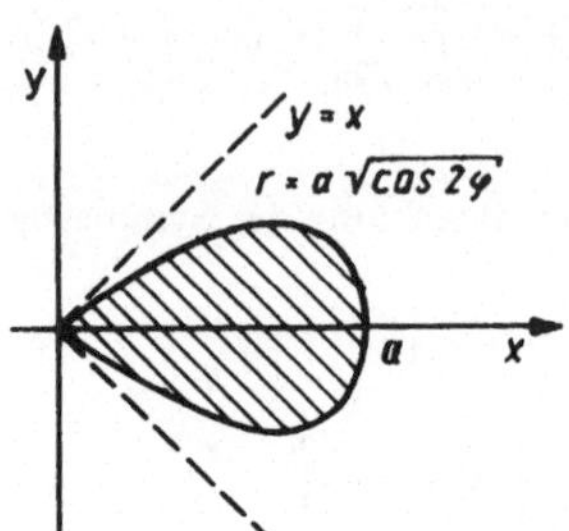

Bild 20.12

c) $x = \sqrt[3]{\dfrac{v^2}{u}}, \quad y = \sqrt[3]{uv}, \quad D = -\dfrac{1}{3u},$

$A = \dfrac{(a-b)}{3}\ln\dfrac{p}{q}, \quad m = -\dfrac{1}{3}\displaystyle\int\limits_{v=a}^{b}\int\limits_{u=q}^{p} v\,du\,dv = \dfrac{(a^2-b^2)(p-q)}{6}$ (Bild 20.11).

20.22: a) $A = a^2 \displaystyle\int\limits_{0}^{\pi/4} \cos 2\varphi\,d\varphi = \dfrac{a^2}{2}.$

b) $m = \dfrac{2}{3}a^2 \displaystyle\int\limits_{0}^{\pi/4} \left(\sqrt{(1+\cos 2\varphi)^3} - 1\right) d\varphi = \dfrac{a^4}{18}(20 - 3\pi).$

c) $J_z = 4a^4 \displaystyle\int\limits_{0}^{\pi/4} \left(-\dfrac{\sqrt{2}}{3}\cos^3\varphi + \dfrac{2\sqrt{2}}{5}\cos^5\varphi + \dfrac{1}{15}\right) d\varphi = \dfrac{a^4}{225}(8 + 15\pi).$

20.23: a) $J(\alpha) = \dfrac{a^4}{4}\left[\alpha - \dfrac{1}{2}\sin 2\alpha\right]\varrho_0.$ b) $c = \dfrac{1}{2}.$

20.24: $c = 3.$

20.25: $c = \dfrac{313}{25}.$

20.26: Flächeninhalt $A = \dfrac{2}{3}$; Schwerpunkt $S\!\left(\dfrac{3}{8}; \dfrac{3}{5}\right)$, $J_x = \dfrac{2}{7}$, $J_y = \dfrac{2}{15}$, $J_{x_s} = \dfrac{8}{175}$, $J_{y_s} = \dfrac{19}{480}.$

20.27: a) $J_{P_0} = \varrho_0 \displaystyle\int\limits_{y=0}^{\frac{a}{2}\sqrt{3}} \int\limits_{x=-\frac{1}{\sqrt{3}}y}^{\frac{1}{\sqrt{3}}y} (x^2 + y^2)\,dx\,dy = \dfrac{5}{16\sqrt{3}}a^4\varrho_0, \; J_S = \dfrac{\sqrt{3}}{48}a^4\varrho_0.$ b) $J_S = \dfrac{5\sqrt{3}}{8}a^4\varrho_0.$

20.28: Ist J das polare Trägheitsmoment des Teildreiecks (Bild 20.13), dann erhält man J_p aus

$$J_p = n \cdot J = 2n \int\limits_{x=0}^{x_0} \left[x^3 \cdot \tan\frac{\pi}{n} + \frac{1}{3} x^3 \left(\tan\frac{\pi}{n}\right)^3 \right] dx = \frac{nr^4}{12} \sin\frac{2\pi}{n} \left[2 + \cos\frac{2\pi}{n} \right],$$

$$\lim_{n \to \infty} J_p = \frac{1}{2}\pi r^4.$$

20.29: a) $\displaystyle J_p = \int\limits_{v=0}^{2\pi} \int\limits_{u=\lambda}^{1} (a^2 u^2 \cos^2 v + b^2 u^2 \sin^2 v) abu\, du\, dv = \frac{ab\pi}{4}(a^2 + b^2)(1 - \lambda^4).$

 b) Man erhält das polare Trägheitsmoment eines Kreises mit dem Radius a bezüglich des Mittelpunktes (vgl. Aufgabe 20.28).

20.30: $\displaystyle J_{xy} = \frac{1}{4} \int\limits_{\varphi=0}^{\pi/2} (1 + \cos\varphi)^4 \sin\varphi \cos\varphi\, d\varphi = \frac{43}{40}.$

20.31: a) Bild 20.14.   b) $\displaystyle J_0 = 32 \int\limits_{0}^{\pi/4} \frac{d\varphi}{(3 + \cos 4\varphi)^2} = \frac{3\sqrt{2}}{4}\pi,$

wegen $J_0 = J_x + J_y$ und der Symmetrie von

B ergibt sich $J_x = J_y = \dfrac{3\sqrt{2}}{8}\pi.$

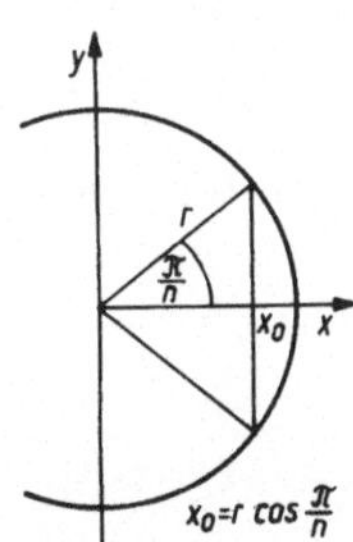

Bild 20.13

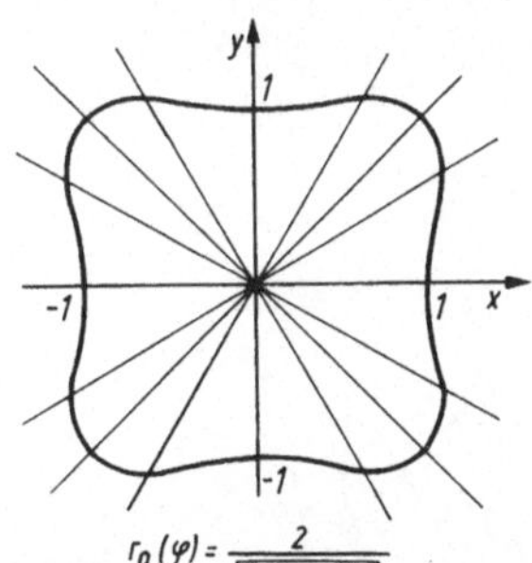

Bild 20.14

21.1: a) $\dfrac{1}{6}.$ b) $-\dfrac{13}{126}.$ c) $\dfrac{\pi}{12} + \dfrac{5}{9} - \dfrac{4}{9}\sqrt{2}.$ d) $\dfrac{\pi}{15}(2\sqrt{2} - 1).$

21.2: a) $\displaystyle J = \int\limits_{x=-2}^{0} \int\limits_{y=0}^{2} \int\limits_{z=-2x^2}^{x^2+y^2} xyz\, dz\, dy\, dx + \int\limits_{x=0}^{2} \int\limits_{y=0}^{1} \int\limits_{z=-2x^2}^{x^2+y^2} xyz\, dz\, dy\, dx = -\frac{3}{2}.$

 b) $\displaystyle J = \int\limits_{y=0}^{1} \int\limits_{x=-2}^{2} \frac{1}{2} xy[(x^2 + y^2)^2 - 4x^4]\, dx\, dy$

$$+ \int\limits_{y=1}^{2} \int\limits_{x=-2}^{0} \frac{1}{2} xy[(x^2 + y^2)^2 - 4x^4]\, dx\, dy = -\frac{3}{2}.$$

21.3: a) $V = \dfrac{\pi}{2}.$ b) $\displaystyle V = \int\limits_{x=-1}^{0} \int\limits_{y=0}^{x+1} \int\limits_{z=-xy-1}^{x^2+y^2+1} dz\, dy\, dx = \frac{9}{8}.$

21.4: $J = 168\,\pi$ (mit Zylinderkoordinaten!).

21.5: $\displaystyle V = 2 \int\limits_{\varphi=0}^{\frac{\pi}{2}} \int\limits_{r=0}^{a\cos\varphi} \int\limits_{z=-\sqrt{a^2-r^2}}^{\sqrt{a^2-r^2}} r\, dz\, dr\, d\varphi = \frac{4}{3} a^3 \left[\frac{\pi}{2} - \frac{2}{3} \right].$

21.6:   a) $\displaystyle V = \int\limits_{\varphi=0}^{2\pi} \int\limits_{r=0}^{b} \int\limits_{z=-\sqrt{a^2-r^2}}^{\sqrt{a^2-r^2}} r\,\mathrm{d}z\,\mathrm{d}r\,\mathrm{d}\varphi = \frac{4}{3}\pi\left(a^3 - \sqrt{a^2-b^2}^{\,3}\right).$

   b) $\displaystyle V = 2\int\limits_{\varphi=0}^{\frac{\pi}{2}} \int\limits_{r=0}^{\cos\varphi} \int\limits_{z=0}^{r} r\,\mathrm{d}z\,\mathrm{d}r\,\mathrm{d}\varphi = \frac{4}{9}.$

21.7: $\displaystyle V = \int\limits_{\varphi=0}^{2\pi} \int\limits_{\vartheta=\alpha}^{\beta} \int\limits_{r=0}^{2a\cos\vartheta} r^2\sin\vartheta\,\mathrm{d}r\,\mathrm{d}\vartheta\,\mathrm{d}\varphi = \frac{4}{3}\pi a^3(\cos^4\alpha - \cos^4\beta).$

21.8: $\displaystyle V = \int\limits_{v=0}^{2\pi} \int\limits_{u=0}^{1} \int\limits_{z=4u^2-4u\sin v+1}^{5-4u\sin v} 2u\,\mathrm{d}z\,\mathrm{d}u\,\mathrm{d}v = 4\pi.$

21.9: $\displaystyle m = \int\limits_{x=0}^{\frac{\pi}{4}} \int\limits_{y=-\frac{1}{\sqrt{1+x^2}}}^{\frac{3}{\sqrt{1+x^2}}} y\left(\frac{\pi}{4}-x\right)\mathrm{d}y\,\mathrm{d}x = \pi\arctan\frac{\pi}{4} - 2\ln\left(1+\frac{\pi^2}{16}\right).$

21.10: $\displaystyle m = \int\limits_{x=0}^{a} \int\limits_{y=0}^{1-\frac{x}{a}} \int\limits_{z=0}^{c\left(1-\frac{x}{a}-\frac{y}{b}\right)} \left(1 - \frac{x}{a} + \frac{y}{b}\right)\mathrm{d}z\,\mathrm{d}y\,\mathrm{d}x = \frac{ac}{12}\left[3 - \frac{1}{b^2}\right].$

21.11: $\displaystyle m = \int\limits_{y=0}^{2} \int\limits_{x=\frac{3}{3-y}-2}^{3-y} \int\limits_{z=0}^{2} z\,\mathrm{d}z\,\mathrm{d}x\,\mathrm{d}y = 2[8 - 3\ln 3];\ \text{(Bild 21.1)}.$

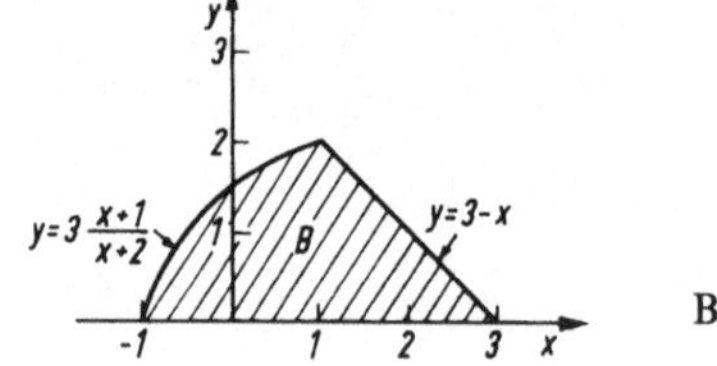

Bild 21.1

21.12: $\displaystyle m = \int\limits_{r=0}^{2} \int\limits_{\varphi=0}^{2\pi} \int\limits_{z=0}^{\mathrm{e}^{r^2}} r^3\sin^2\varphi\,\mathrm{d}z\,\mathrm{d}\varphi\,\mathrm{d}r = \frac{\pi}{2}(3\mathrm{e}^4 + 1).$

21.13: $V = \pi;\ m = \varrho_0\pi$ (Zylinderkoordinaten verwenden).

21.14: $\displaystyle m = \int\limits_{\varphi=-\frac{3}{4}\pi}^{\frac{\pi}{4}} \int\limits_{r=0}^{2} \int\limits_{z=0}^{r(\cos\varphi-\sin\varphi)} 3r^3z\,\mathrm{d}z\,\mathrm{d}r\,\mathrm{d}\varphi = 16\pi.$

21.15: $\displaystyle m = \int\limits_{\varphi=0}^{2\pi} \int\limits_{r=0}^{\sqrt{3}} \int\limits_{z=0}^{4\left(1-\frac{r}{\sqrt{3}}\right)} (r^2 + z^2)r\,\mathrm{d}z\,\mathrm{d}r\,\mathrm{d}\varphi = 10\pi.$

21.16: $\displaystyle m = 2\int\limits_{y=0}^{\frac{a}{2}\sqrt{3}} \int\limits_{x=2a-\sqrt{a^2-y^2}}^{a+\sqrt{a^2-y^2}} \int\limits_{z=0}^{z_0} 3z\,\mathrm{d}z\,\mathrm{d}x\,\mathrm{d}y = \frac{1}{4}a^2z_0^2(4\pi - 3\sqrt{3}).$

21.17: $\displaystyle Q = \pi\varrho_0 \int\limits_{r=0}^{1} r(4 - r^2 - 3r^4)\,\mathrm{d}r = \frac{5}{4}\pi\varrho_0.$

21.18: $\quad S\left(0;0;-\dfrac{27}{128}\right).$

21.19: $\quad$ a) $V=\dfrac{128}{3}\pi.$ $\qquad$ b) $S(0;0;6).$

21.20: $\quad V=\displaystyle\int\limits_{\varphi=0}^{2\pi}\int\limits_{r=0}^{\sqrt{2}}\int\limits_{z=\frac{r^2}{2}}^{\sqrt{3-r^2}} r\,dz\,dr\,d\varphi=\dfrac{\pi}{3}(6\sqrt{3}-5),\ S\left(0;0;\dfrac{5}{6\sqrt{3}-5}\right).$

21.21: $\quad S(0;0;a).$

21.22: $\quad M$ ist ein Kugelsektor, $S\left(0;0;\dfrac{3}{4}R\cos^2\dfrac{\vartheta_0}{2}\right);\quad$ für $\quad\vartheta_0=\dfrac{\pi}{2}$ erhält man die obere Halbkugel

$\quad$ mit $S\left(0;0;\dfrac{3}{8}R\right).$

21.23: $\quad V=\dfrac{\pi}{3}(a-h)^2(2a+h),\quad z_s=\dfrac{1}{V}\displaystyle\int\limits_{\varphi=0}^{2\pi}\int\limits_{r=0}^{\sqrt{a^2-h^2}}\int\limits_{z=h}^{\sqrt{a^2-r^2}} z\,dz\,dr\,d\varphi,\quad S\left(0;0;\dfrac{3(a+h)^2}{4(2a+h)}\right).$

21.24: $\quad$ b) $0\leqq\varphi\leqq\dfrac{\pi}{2},\quad 0\leqq r\leqq\left[\dfrac{\cos^2\varphi}{a^2}+\dfrac{\sin^2\varphi}{b^2}\right]^{-\frac{1}{2}},\quad 0\leqq z\leqq c\left[1-r^2\left(\dfrac{\cos^2\varphi}{a^2}+\dfrac{\sin^2\varphi}{b^2}\right)\right]^{\frac{1}{2}}.$

$\quad$ c) $0\leqq u\leqq 1,\ 0\leqq v\leqq\dfrac{\pi}{2},\ 0\leqq z\leqq c\sqrt{1-u^2}.$

$\quad$ e) $0\leqq u\leqq 1,\quad 0\leqq v\leqq\dfrac{\pi}{2},\quad 0\leqq w\leqq\dfrac{\pi}{2}.$

$\quad$ f) $\ $ Rechnung günstig gemäß e) $\ V=\dfrac{\pi}{6}abc;\quad S\left(\dfrac{3}{8}a;\dfrac{3}{8}b;\dfrac{3}{8}c\right).$

21.25: $\quad \theta_x=\displaystyle\int\limits_{\varphi=0}^{2\pi}\int\limits_{r=0}^{a}\int\limits_{z=0}^{a-r}(r^2\sin^2\varphi+z^2)\,r\,dz\,dr\,d\varphi=\dfrac{\pi}{12}a^5.$

21.26: $\quad \theta_z=\dfrac{3}{2}\pi$ (Zylinderkoordinaten benutzen).

21.27: $\quad \theta_x=\displaystyle\int\limits_{x=0}^{a}\int\limits_{y=0}^{b\left(1-\frac{x}{a}\right)}\int\limits_{z=0}^{c\left(1-\frac{x}{a}-\frac{y}{b}\right)}(y^2+z^2)\,dz\,dy\,dx=\dfrac{abc}{60}(b^2+c^2).$

21.28: $\quad$ a) $\dfrac{\pi}{8}DR^4.$ $\qquad$ b) $\dfrac{\pi DR^2}{4}\left[\dfrac{R^2}{4}+\dfrac{D^2}{3}\right].$

21.29: $\quad \theta=\theta_x=\displaystyle\int\limits_{r=0}^{R}\int\limits_{\varphi=0}^{2\pi}\int\limits_{z=0}^{h\left(1-\frac{r}{R}\right)}(r^2\sin^2\varphi+z^2)\,r\,dz\,d\varphi\,dr=\dfrac{R^2h\pi}{60}(3R^2+2h^2).$

21.30: $\quad$ a) $\theta_z=\dfrac{\sqrt{2}}{2}\pi a^5.$ $\qquad$ b) $\theta_z=16\pi.$

21.31: $\quad \theta_z=\theta_z^{(1)}-\theta_z^{(2)}=\dfrac{3}{2}\pi(a^4c-b^4d)\quad$ mit

$\quad \theta_z^{(1)}=2\displaystyle\int\limits_{\varphi=0}^{\frac{\pi}{2}}\int\limits_{r=0}^{2a\cos\varphi}\int\limits_{z=0}^{c} r^3\,dz\,dr\,d\varphi=\dfrac{3}{2}\pi a^4c,\quad \theta_z^{(2)}$ analog.

21.32:   a) $\displaystyle\int\limits_{x=-R\cos\alpha}^{R\cos\alpha}\;\int\limits_{y=-\sqrt{R^2\cos^2\alpha-x^2}}^{\sqrt{R^2\cos^2\alpha-x^2}}\;\int\limits_{z=(\tan\alpha)\sqrt{x^2+y^2}}^{\sqrt{R^2-x^2-y}} f(P)\,\mathrm{d}z\,\mathrm{d}y\,\mathrm{d}x.$

b) $\displaystyle\int\limits_{r=0}^{R}\;\int\limits_{\varphi=0}^{2\pi}\;\int\limits_{\vartheta=0}^{\frac{\pi}{2}-\alpha} f(\ldots)\,r^2\sin\vartheta\,\mathrm{d}\vartheta\,\mathrm{d}\varphi\,\mathrm{d}r.$

c) $\displaystyle\int\limits_{\varphi=0}^{2\pi}\;\int\limits_{r=0}^{R\cos\alpha}\;\int\limits_{z=(\tan\alpha)r}^{\sqrt{R^2-r^2}} f(\ldots)\,r\,\mathrm{d}z\,\mathrm{d}r\,\mathrm{d}\varphi,\quad J=V=\frac{2\pi}{3}R^3(1-\sin\alpha),$ (zweckmäßig mit b)); für $\alpha\to+0$ ergibt sich das Volumen der Halbkugel.

21.33: $\displaystyle M_{xy}=\int\limits_{\varphi=0}^{2\pi}\;\int\limits_{r=a}^{b}\;\int\limits_{\vartheta=0}^{\frac{\pi}{2}} (r\cos\vartheta)\,(r^2\sin\vartheta)\,\mathrm{d}\vartheta\,\mathrm{d}r\,\mathrm{d}\varphi=\frac{\pi}{4}(b^4-a^4),\quad S\!\left(0;0;\frac{3}{8}\frac{b^4-a^4}{b^3-a^3}\right).$

a) Für $a\to+0$: Vollhalbkugel, $S\!\left(0;0;\frac{3}{8}b\right).$

b) Für $a\to b-0$: Halbkugelfläche, $S\!\left(0;0;\frac{b}{2}\right).$

21.34:   a) $0\le\varphi\le2\pi,\quad a-R\le r\le a+R,\quad -\sqrt{R^2-(r-a)^2}\le z\le\sqrt{R^2-(r-a)^2}.$

b) $\displaystyle\theta_z=4\pi\int\limits_{r=a-R}^{a+R} r^3\sqrt{R^2-(r-a)^2}\;\mathrm{d}r=\frac{\pi^2R^2a}{2}(4a^2+3R^2).$

22.1:   a) $\dot{x}^2+\dot{y}^2+\dot{z}^2=3\mathrm{e}^{2t}.$

b) $(\dot{x}^2+\dot{y}^2)^{1/2}$ ist Polynom, $l=16.$

c) $(1+y'^2)^{1/2}$ ist rationale Funktion, $l=1{,}096\,57\ldots$

d) $(\dot{x}^2+\dot{y}^2)^{1/2}=3a|\cos t\sin t|=(3a/2)|\sin(2t)|,\quad l=6a.$

e) $\cosh^2x-\sinh^2x=1,\quad l=a\sinh(b/a).$

f) Gestalt des Integranden: $ag'(t)\,(g(t))^{1/2},\; l=16(2\sqrt{2}-1)=29{,}254\,8\ldots$

g) Integrand ist rationale Funktion, $l=9/2.$

h) Integrand ist rationale Funktion $R(u,v)$ wobei $u=t$ ist und v die Gestalt $(at+b)^{1/2}$ hat, $l=2+\ln(3/2)=2{,}405\,465\ldots$

i) Integrand ist rationale Funktion, $l=-b+a\ln[(a+b)/(a-b)].$

j) $(8/27)\big[\{1+(9b/4)\}^{3/2}-1\big]=(1/27)\big[\{4+9b\}^{3/2}-8\big].$

k) Integrand ist identisch konstant.   l) $(1/2)\ln 3=0{,}549\,306\ldots$

m) Integrand ist Polynom, $l=2a^2c+3b^2c^3.$ n) $b(b+1).$

o) $l=(1/2)ab^2.$

p) Integralsubstitution $x=\sinh t$ führt auf ein Integral über eine rationale Funktion von e^t, $l=2{,}301\,987\,5\ldots$

22.2:   a) $l=(a/\beta)(1+\beta^2)^{1/2}\,[\exp(\beta\varphi_2)-\exp(\beta\varphi_1)].$

b) $l=a[b+(b^3/3)].$

c) Integrand ist eine Konstante.

d) $1+\cos\varphi=2\cos^2(\varphi/2),\quad l=8a.$

e) Integrand ist rationale Funktion von $\mathrm{e}^\varphi,\; l=a\{\varphi_1+[(1-\exp\varphi_1)/(1+\exp\varphi_1)]\}.$

22.3:   a) $x_S=(a/b)\sin b,\quad y_S=(a/b)(1-\cos b),\quad z_S=(hb)/(4\pi).$

b) $x_S=y_S=(2/5)a.$

c) $l = a \sinh 1$, $\quad l x_S = \int\limits_0^a x \cosh(x/a)\,dx$, $\quad l y_S = a \int\limits_0^a \cosh^2(x/a)\,dx$, $\quad x_S = a \cdot 0{,}537\,88\ldots$,

$y_S = a \cdot 1{,}196\,999\ldots$

d) $a = 2R$, $\quad y_S = -2R/(2 + \pi)$.

e) Falls $x = R \cos\varphi$, $y = R \sin\varphi$, $-(\alpha/2) \leq \varphi \leq (\alpha/2)$, dann $x_S = (2R/\alpha) \sin(\alpha/2)$, $y_S = 0$.

f) $ds = \cosh t\, dt$, $J_1 = l x_S$ und $J_2 = l y_S$ führen nach zweimaliger partieller Integration jeweils auf eine Gleichung für J_1 und J_2. $x_S = 1/2$, $y_S = -0{,}498\,136\ldots$, $z_S = 133{,}885\ldots$

22.4: a) $4\pi c(a + b)$.

b) Inhalt von $A = 2\pi l x_S = 2\pi \int x\,ds$, wobei der Integrationsweg C ist. Also ist der Inhalt von A gleich

$$2\pi\{2bc + b^2 + ac + ab - db + a\sqrt{5}\,[c + b + (a/2)]\} = 2\,738{,}255\,3\ldots$$

c) $4\pi a^2 (3 + \pi)$.

d) $2\pi\{(hd/2) + (d^2/8)[1 + (1/\sin\alpha)] - (a^2/2)\sin\alpha + a^2(1 - \cos\alpha)\} = 816{,}405\,86\ldots$

e) $x_S = 0$. Im Integranden für die Bogenlänge führt die Substitution $\varphi = \sinh t$ zu einer rationalen Funktion von $\exp(2t)$. $784{,}000\,7\ldots$

22.5: a) $\int \mathbf{F}\,ds = aR^2\{[\sqrt{2} - (1/4)]\mathbf{e}_x + [-(7/4) - \sqrt{2} + (3\pi/8)]\mathbf{e}_y\}$,

$\left|\int \mathbf{F}\,ds\right| = aR^2 \cdot 2{,}302\,18\ldots$; $\quad \int \mathbf{r} \times \mathbf{F}\,ds = \mathbf{0}$.

b) $\mathbf{R} = pa(\pi/4)\mathbf{e}_z$, $\mathbf{M} = 2p(a^2/\pi)\{\mathbf{e}_x - \mathbf{e}_y[(\pi/2) - 1]\}$,

$\mathbf{r}_w = x_w \mathbf{e}_x + y_w \mathbf{e}_y + z_w \mathbf{e}_z$, $\quad x_w = 4a(\pi - 2)/\pi^2 = a \cdot 0{,}462\,67\ldots$,

$y_w = 8a/\pi^2 = a \cdot 0{,}810\,569\ldots$

22.6: a) $\alpha)$ 6; $\qquad\qquad\qquad$ $\beta)$ 9. $\qquad\qquad$ b) $\alpha)$ 2/3; $\qquad\qquad$ $\beta)$ 4/3.

c) $\alpha)$ 1/2; $\qquad\qquad\quad$ $\beta)$ 5/6; $\qquad\qquad\quad$ $\gamma)$ 1/6; $\qquad\qquad$ $\delta)$ 0;

$\quad$ $\varepsilon)$ $(3 - n)/(2n + 2)$; $\qquad\qquad\qquad\qquad$ $\zeta)$ $-(1/2) + (4/\pi) = 0{,}773\,239\,5\ldots$

d) $\alpha)$ 1; $\qquad\qquad\qquad$ $\beta)$ 3/2; $\qquad\qquad\qquad$ $\gamma)$ 1/2.

e) $\alpha)$ $-1/3$; $\qquad\qquad\quad$ $\beta)$ $-1/6$; $\qquad\qquad\quad$ $\gamma)$ $(1/2) - (\pi/4) = -0{,}285\,398\ldots$;

$\quad$ $\delta)$ $(1/2) + (3\pi/4) = 2{,}856\,194\ldots$; $\qquad\qquad$ $\varepsilon)$ $-(1/6) - \{n/[(n + 1)(n + 2)]\}$.

22.7: a) $\Phi = (1/2)(x^2 + y^2)$, $\quad \alpha)$ bis $\gamma)$ 10.

b) $\Phi = (1/3)(x^3 - y^3) + xy$, $\quad \alpha)$ 0; $\beta)$ $a^2 - 1$; $\gamma)$ 0.

c) $\Phi = \sin x \cosh y$, $\quad \alpha)$ 0; $\beta)$ 5/4.

d) Φ existiert nicht, $\quad \alpha)$ $2e - 4$; $\beta)$ e;

$\quad$ $\gamma)$ Substitution u gleich $\cos t$ bzw. $\sin t$, 2.

e) $\Phi = (x^3/3)(1 - y) + (y^2/2)$, $\quad \alpha)$ bis $\gamma)$ 1/2; $\delta)$ 0.

f) $\Phi = x^3 + 2xy^2 - 3yz^3$, -24.

g) $\Phi = \bar{x}\bar{y}\bar{z}$, xyz.

h) $\Phi = x^2 y(2z)^{-1} + (1/3)(y - z)^3 + e^{-z}$, $\quad \alpha)$ 9;

$\quad$ $\beta)$ $a^2 b(2c)^{-1} + (1/3)(b - c)^3 + e^{-c} + 9 - e^{-3}$.

i) $(34/5) + 6\ln 2 = 10{,}958\,883\ldots$

j) $\operatorname{rot} \tilde{\mathbf{F}} = \mathbf{0}$ $(\tilde{r} \neq 0)$, $\quad \alpha)$ $K(2^{-1/2} - r^{-1})$; $\beta)$ $-K/r$.

k) $\Phi_1 = \sin z - \arctan(x/y)$ oder $\Phi_2 = \sin z - \operatorname{arccot}(y/x)$,

$\quad \alpha)$ $\Phi_2(+0, b, \pi/2) - \Phi_2(+0, -b, -\pi/2) = \{\Phi_1(0, b, \pi/2) - \Phi_1(a, +0, 0)\} + \{\Phi_1(a, -0, 0)$

$\quad - \Phi_1(0, -b, -\pi/2)\} = 2 + \pi$; $\quad \beta)$ $-2 + \pi$; $\gamma)$ 2π.

l) $x e^z \sin y + \ln(x^2 |y|) - \sin 1$. (Das Potential existiert, obwohl sein Definitionsbereich nicht einfach-zusammenhängend ist.)

m) $-x^3 y^2 z - 6xy^2 + 4y^2 z^3 - 1$.

22.8:   a) $\sqrt{6}/4 = 0{,}612\,372\ldots$

b) Der Integrand ist eine rationale Funktion von $(y/x)^{1/2}$, $(85/4) - (28/3)\sqrt{5} = 0{,}380\,03\ldots$

c) $37/20 = 1{,}85$.

d) Symmetrie!, $(1/3)(1 + \sqrt{5}) + \ln(2 + \sqrt{5}) = 2{,}522\,32\ldots$ (Bild 22.10).

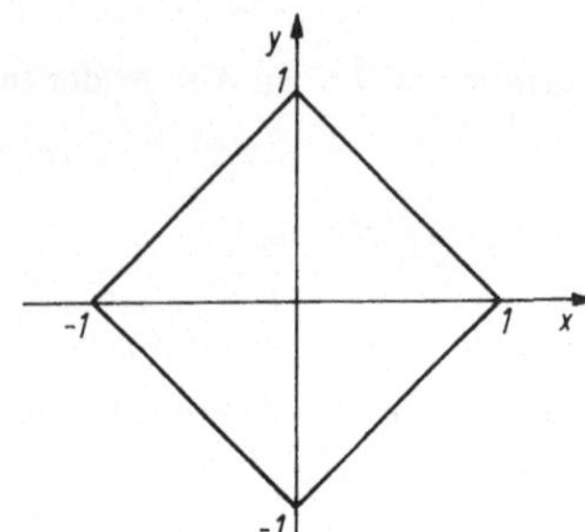

Bild 22.10

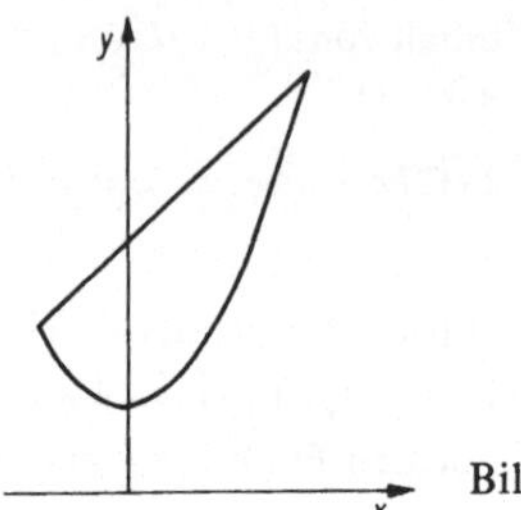

Bild 23.10

e) $(2/3)\pi(2\sqrt{2} - 1)a^2 = 3{,}829\,4\ldots a^2$.

f) $64/3$.

g) $6\sqrt{3} = 10{,}392\,3\ldots$

h) Der Integrand ist ein Polynom bezüglich u und v, $56/3$.

i) $49\pi = 153{,}938\,0\ldots$

j) $0 \leqq \vartheta \leqq \vartheta_0$, $\cos\vartheta_0 = (a^2 - 1)/(a^2 + 1)$, $4\pi c^2/(a^2 + 1)$.

22.9:   a) $2\pi R^2 \varrho_0$.   b) $(14/9)\pi R^4 \varrho_0 = 4{,}886\,92\ldots R^4 \varrho_0$.

22.10: $(2\pi/3)R(d_1^3 - d_2^3) + 2\pi R^3(d_2 - d_1)$.

22.11:   a) α) 0; β) $12\pi = 37{,}699\,1\ldots$; γ) $(64/3)\pi = 67{,}020\,6\ldots$; δ) $(64/9)\pi^3 = 220{,}489\ldots$

b) Projektion der Schnittkurve von $z = (x + 1)^2 + y^2$ und $z = 2 + 2x$ in der (x,y)-Ebene bestimmen, danach Zylinderkoordinaten, α) $-\pi/2$; β) -4π.

c) $8 + 108\pi = 347{,}292\ldots$

22.12:   a) 16.

b) α) A_1: 96π, A_2: 72π, $168\pi = 527{,}787\ldots$; β) A_1: 0, A_2: 0;

     γ) A_1: $(1\,728/5)\pi = 1\,085{,}734\ldots$, A_2: 0;

     δ) A_1: -144π, A_2: 288π; $144\pi = 452{,}389\ldots$

23.1: $\operatorname{div} F = 2 + 2yz$.

23.2:   Bei allen Integrationen sind die Integranden Polynome, 224 (Bild 23.10).

23.3: $\operatorname{div}(\ldots) = 3$, $(4\pi/3)\,abc$.

23.4:   a) $4\pi R^3$.   b) $4\pi R^4$.   c) $4\pi R^3 f(R)$.

23.5:   a) $\operatorname{div} F = x^2 + y^2$, $(2\pi/5)\sqrt{2} = 1{,}777\,153\ldots$

b) $\pi/5$.   c) $(208\pi/15) = 43{,}563\,4\ldots$

d) $(104\pi/5) = 65{,}345\,1\ldots$ e) $168\pi = 527{,}787\ldots$

f) Zylinderkoordinaten (r, φ, z) einführen, wobei $r = 0$ Punkte mit den kartesischen Koordinaten $x = 1$, $y = 2$ angibt, $(112/3)\pi = 117{,}2861\ldots$

g) $1\,280$.   h) $800\pi = 2\,513{,}274\ldots$

i) 0.   j) 0.

23.6: a) $\alpha)$ $\iiint C\,grad\,U\,\mathrm{d}V = \oiint UC\,\mathrm{d}A$; $\beta)$ $\iint (grad\,U \times C)\,\mathrm{d}A = \oint UC\,\mathrm{d}r$.

b) $\iiint C\,rot\,B\,\mathrm{d}V = \oiint (B \times C)\,\mathrm{d}A$.

c) $C\left\{ \iiint grad\,U\,\mathrm{d}V - \oiint U\,\mathrm{d}A \right\} = 0 \Rightarrow$ speziell,

$C = e_k \; (k = 1, 2, 3)$: $e_k\{\ldots\} = 0 \Rightarrow \iiint grad\,U\,\mathrm{d}V = \oiint U\,\mathrm{d}A$;

$(grad\,U \times C)\,\mathrm{d}A = -C(grad\,U \times \mathrm{d}A)$, $\iint (grad\,U \times \mathrm{d}A) = -\oint U\,\mathrm{d}r$,

$\iiint rot\,B\,\mathrm{d}V = -\oiint B \times \mathrm{d}A$.

23.7: a) Wegen $\mathrm{div}(r/r^3) = 0$ $(r \neq 0)$ ändert sich bei stetiger Deformation von A der Integralwert nicht, falls beim Deformationsprozeß der Koordinatenursprung $(r = 0)$ nicht überstrichen wird.

b) Kugel, 4π.

23.8: a) $3\pi/2$.   b) $-3\pi/2$.

c) $\mathrm{div}\,(rot\,F) = 0$.   d) $(1/3)(4 + \sqrt{2}) = 1{,}8047\ldots$

e) $(14/3) + 12\sqrt{2} = 21{,}6372\ldots$

f) $8 + 108\pi = 347{,}292\ldots$ g) $(\pi/4)R^6$.

23.9: 4π.

23.10: 0.

23.11: a) $(\mathrm{d}/\mathrm{d}t) \iiint U\,\mathrm{d}V_t = \iiint \big[(\partial/\partial t)U \cdot \{\partial(x_1, x_2, x_3)/\partial(u_1, u_2, u_3)\}$
$+ U(\partial/\partial t)\{\partial(x_1, x_2, x_3)/\partial(u_1, u_2, u_3)\} \big]\,\mathrm{d}V_0$, $\partial U/\partial t = (grad\,U)v$, $(\partial/\partial t)(\partial x_k/\partial u_l) = (\partial/\partial u_l)v_k$
$= \sum (\partial v_k/\partial x_m)(\partial x_m/\partial u_l)$, $(\partial/\partial t)\{\partial(x_1, x_2, x_3)/\partial(u_1, u_2, u_3)\}$
$= (\mathrm{div}\,v)\{\partial(x_1, x_2, x_3)/\partial(u_1, u_2, u_3)\}$.

b) $(\mathrm{d}/\mathrm{d}t) \iiint U\,\mathrm{d}V_t = \iiint \{(\partial U/\partial t) + \mathrm{div}\,(Uv)\}\,\mathrm{d}V_t$.

c) $(\mathrm{d}/\mathrm{d}t) \iiint \varrho\,\mathrm{d}V_t = 0$.

d) $(\partial\varrho/\partial t) + \mathrm{div}(\varrho v) = 0$.   e) $\mathrm{div}\,v = 0$.

24.1: a), b) Ja.   c) Nein, y' hebt sich weg.

d) Ja, $y' = (1 - \mathrm{e}^{-x})y$.   e) Nein.

f) Ja, $y = C(1 + y'^2)^{1/2}$.

g) Nein, $cy' = f(y) - \lambda y$ mit $f(y) = N_0$ für $y \leqq y_1$ und $f(y) = 0$ für $y \geqq y_2$. Für $y_1 < y < y_2$ keine unmittelbare Angabe von $f(y)$ möglich, da dort $f(y(x))$ von der Geschichte von $y(x)$ (d. h. von $y(\tilde{x})$ mit $\tilde{x} < x$) abhängt.

24.2: a) $y = \tan(x + C)$.   b) $y = \pm(2x + C)^{1/2}$.

c) $y = Cx$.   d) $x^2 + y^2 = C$ $(y \neq 0)$.

e) $y' = -M \pm (M^2 + 1)^{1/2}$ mit $M = -(1/2)(x/y) - (23/10)$,
Isoklinen sind Geraden durch den Koordinatenursprung (Bild 24.1).

24.3: a) $x^2 + y^2 - 2Rx = 0$, $2x + 2yy' - 2R = 0$, $y^2 - x^2 - 2xyy' = 0$.

b) $y = xy'/\ln y'$.   c) $xy' + y = 2x$.

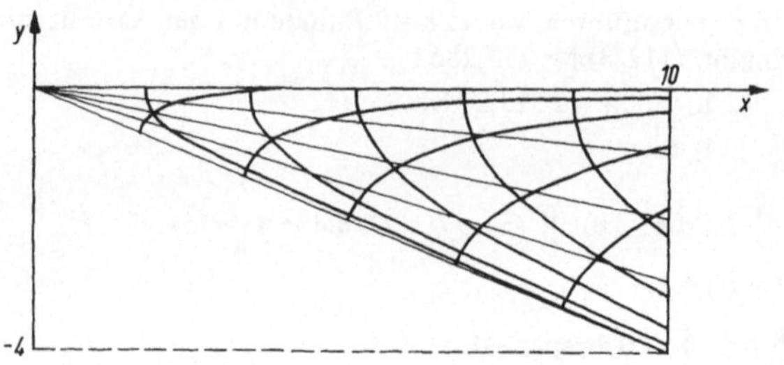

Bild 24.1

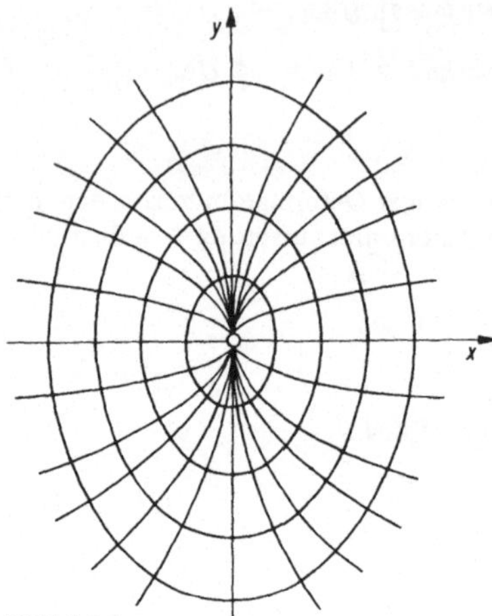

Bild 24.2

Bild 24.3

d) $y^2 + x^2 - 2xyy' = 0$. e) $y' = e^{-y} - 1$. f) $dy/dx = \dot{y}/\dot{x}$, $y'^2 = y/(2 - y)$.

24.4: a) $(x^2/C^2) + (y^2/2C^2) = 1$, Ellipsenschar (Bild 24.2).

b) $xy = C$, Hyperbelschar (Bild 24.3).

24.5: $(a^2)^{1/2} = |a|$ beachten.

24.6: a) $y = (x^2 - 2x + 2)\,e^x + C$. b) $y = \exp(x^2) + C$.

c) $y = (1/2)\,(\arctan x)^2 + C$.

d) $y = (1/4)x^4 + C$, falls $x \geqq 0$, $y = -(1/4)x^4 + C$, falls $x \leqq 0$.

24.7: a) $y = C\exp\{(3/4)x^{4/3}\}$. b) $y = \{(x^2/3) + C\}^{3/2}$ und $y \equiv 0$.

c) $y = C\exp\{x + e^{-x}\}$. d) $y = 2x/(Cx - 1)$ und $y \equiv 0$.

e) $y = C|1 - x^2|^{-1/2}$. f) $y = \tan\{(x^4/2) + C\}$.

g) $y = \pm(2e^x + C)^{1/2}$. h) $y = 3 + C\exp(\sin x)$.

i) $x = 2\arctan(C\,e^t) + 2k\pi$, $C \neq 0$, $(k = 0, \pm 1, \ldots)$, $x \equiv k\pi$.

j) $x = \ln(e^t + C)$. k) $x = \{3\ln|t + 1| - 2\ln|t| + C\}^{-1}$.

l) $x = \pm\{(2/t) + C\}^{1/2}$. m) $\varphi = (C - 2x^2)^{-1}$ und $\varphi \equiv 0$.

n) $r = \pm\sin(\varphi + C)$ und $r \equiv \pm 1$. o) $y = \pm\{\ln(2x + C)\}^{1/2}$.

p) $y = (2/3)\{(1 + Ce^{12x})/(1 - Ce^{12x})\}$ und $y \equiv \pm\dfrac{2}{3}$.

q) $y = C(1 + y'^2)^{1/2}$, $y \equiv 0$, falls $C = 0$. Im Fall $C \neq 0$ ist $y = C\cosh\{(x + C_1)/C\}$.

24.8:   a) $x = -\{\ln|y-1| + y + (y^2/2) + C\}^{-1}, \quad y \equiv 1.$

       b) $x = C|y|^{-1/2}\exp(y/2), \quad y \equiv 0.$

       c) $x = \{-y + \arctan y + C\}^{-1}.$

24.9:   a) $y = -2 + 4\exp(x^2/2).$ b) $y = -1 + (1/4)(x+3)^2, \quad x \geq -3.$

       c) $y = (\sqrt{3} - x)/(\sqrt{3} + x).$ d) $z = -\{\ln(2x + e)\}^{1/2}.$

       e) $y = \{-1 + (1/x^2)\}^{1/2}.$ f) $y = -(4 - x^2)^{1/2}.$

       g) $y = -\{1 - (2/3)x^3\}^{-1/2}.$

       h) $\alpha)$ $y = (e^{2x} - 1)/(e^{2x} + 1);$ $\beta)$ $y \equiv 1;$ $\gamma)$ $y \equiv -1.$

24.10:   a) $y = C\exp[(-1/3)x^3].$ b) $y = C(\cos x)^{-1}.$

        c) $x = C/t.$ d) $x = C\exp\{(-5/2)t\}.$

        e) $y = C(x^2 + 2)^{-1/2}.$ f) $y = C(x - 1)/(x + 2).$

24.11:   a) $y = C(x^2 + 2)^{-1/2} + (1/3)(x^2 + 2).$ b) $y = (1/3)(x^2 + 1) + C(x^2 + 1)^{-1/2}.$

        c) $y = -\cos x + (1/x)\sin x + Cx^{-1}.$ d) $y = (x + 1)^{-1}\{C + (2x + 1)e^{2x}\}.$

        e) $y = \{(3/4)x^4 + C\}\exp(\cos x).$ f) $y = x^{-1}\{C + \sin(x^2)\}.$

        g) $y = (2x + C)\exp(\sin x).$ h) $y = \{5x^2 - 2x + (2/5)\}e^{3x} + C\exp(-2x).$

        i) $I = I_h + I_p, \ I_h = C\exp\{-(R/L)t\} \to 0$ für $t \to \infty.$

            $I_p = U_0(R^2 + \omega^2 L^2)^{-1}(R\sin(\omega t) - \omega L\cos(\omega t)) \to (U_0/R)\sin(\omega t)$ für $L \to +0.$

24.12:   a) $y = 1 + \{x^2/(x - 1)\}.$ b) $y \equiv -1.$

        c) $y = 3x^3 + 5x^2 + 6x + 10.$ d) $x = t - 1.$

        e) $y = (1 + \sin x)/\cos x.$ f) $y = e^x\{(1/x) - 1\}.$

        g) $y \equiv 1.$

        h) $x = \{(t - 1)/(t + 1)\}^{1/2}\{\sqrt{3} + \ln(t - 1)\}.$

        i) $y = -1 + \sin x + 2\exp(-\sin x).$

        j) $y = (N_0/\lambda)(1 - \exp\{(-\lambda/c)x\}) \ [0 \leq x \leq x_0 \quad \text{mit} \quad x_0 = (c/\lambda)\ln\{N_0/(N_0 - \lambda y_2)\}],$

            $y = y_2\exp\{(-\lambda/c)(x - x_0)\} \ [x_0 \leq x \leq x_1 \quad \text{mit} \quad x_1 = x_0 + (c/\lambda)\ln(y_2/y_1)],$

            $y = (N_0/\lambda) + \{y_1 - (N_0/\lambda)\}\exp\{(-\lambda/c)(x - x_1)\}$

            $[x_1 \leq x \leq x_2 \quad \text{mit} \quad x_2 = x_1 + (c/\lambda)\ln\{(N_0 - \lambda y_1)/(N_0 - \lambda y_2)\}],$

            $y(x)$ mit $x_2 \leq x < \infty$ entsteht aus $y(x)$ $(x_0 \leq x \leq x_2)$ durch periodische Fortsetzung mit der Periode

            $T = x_2 - x_0 = (c/\lambda)\ln\{(y_2[N_0 - \lambda y_1])/(y_1[N_0 - \lambda y_2])\}; \quad$ (Bild 24.4).

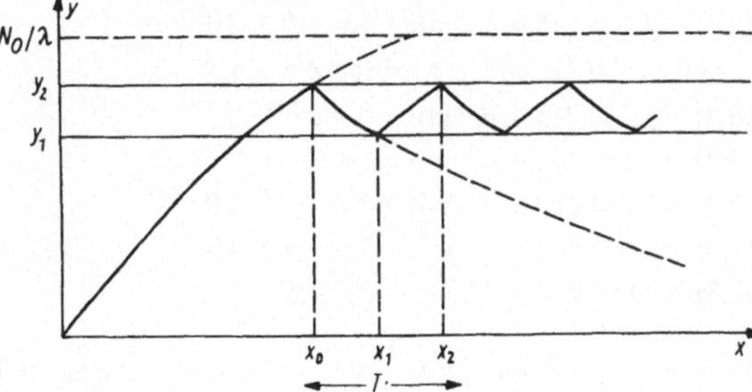

Bild 24.4

24.13: a) $y = (x^2 + 1)\exp(-x^2)$. b) $y = 1 + 2\exp(-x^2)$.

c) $y = x\exp(-x^2)$. d) $y = x^2 + \exp(-x^2)$.

24.14: a) $y = x\tan\{\ln(-x)\}$. b) $y = \pm x\{-2\ln|x| + C\}^{-1/2}$, $y \equiv 0$.

c) $y = ex \cdot \exp(Cx)$. d) $r = Ce^{\varphi}$.

e) Wegen $z \leqq 0$ ist $z = -|z| = -(z^2)^{1/2}$,
$$P(z) = 10z^3 - 46z^2 - 20z, \quad Q(z) = 629z^2 + 230z + 25,$$
$$R(z) = (P(z))^{-1}\{-10z^2 + 23z + 5\}.$$

24.15: a) $y = C\exp(x^2/2)$. b) $y = -(2/5)x - (2/25) + C\exp(5x)$.

c) $y = \dfrac{1}{2} + C\exp(-x^2)$. d) $y = \{-1 + x + Ce^{-x}\}^{-1}$, $y \equiv 0$.

e) $y = x(x + C)$. f) $y = x^4\{C + (1/2)\ln|x|\}^2$, $y \equiv 0$.

g) $x = 3 + C(t^2 + 3)^{-1/2}$. h) $x = (3/t) + (C/t^2)$.

i) $y = -\ln[Ce^t - 1]$. j) $x = -\exp(3t) + C\exp(t^2/2)$.

k) $y = \{-a + C|1 - x^2|^{1/2}\}^{-1}$, $y \equiv 0$.

l) $y = \arcsin\{C(\cos x)^{-1}\}$. m) $x = \ln(e^t + C)$.

n) Weder I noch II noch III, vgl. 24.17. b).

o) $y = (3/x) + (C/x^2)$. p) $y = (x + 1)^{-1}\{(2x + 1)e^{2x} + C\}$.

q) $y \equiv -1$. r) $y = (C/x^2)\exp\{(a/4\pi)x\}$.

s) $y = \pm\{x(C - \ln|x|)\}^{1/2}$.

t) Weder I noch II noch III, vgl. 24.17. c).

24.16: a) $y = -(x/2) \pm \{(x^2/4) + (C/x)\}^{1/2}$, $x(y) \equiv 0$.

b) $y = -(2/3)x \pm (1/3)\{-(x^2/2) + (C/x^2)\}^{1/2}$.

c) $y = \pm(C - x^2)^{1/2}$. d) $u = (1/x)\{C + \sin(x^2)\}$.

e) $\mu = \mu(y) = y^{-2}$, $y = (4x)^{-1}\{-(2C - x^2) \pm [(2C - x^2)^2 - 16x]^{1/2}\}$.

f) $\mu = \mu(x) = x^{-2}$, $y = x^2 - Cx$.

g) $x^3 y - x - y\cos(2y) + (1/2)\sin(2y) = C$.

h) $\mu = y$, $y = \pm\{(x^2 + C)/(1 - x^2)\}^{1/2}$.

i) $\mu = e^x$, $y = \pm\{-x^2 + Ce^{-x}\}^{1/2}$. j) $y = \pm\{C/x + (1/3)x^2\}^{1/2}$.

k) $yx + \cos(x^2) + \sin y = C$. l) $y = -\{2x - \exp(1 - x)\}^{1/2}$.

m) $y = (1/2)\{-(1 + x) + (7x^2 + 18x - 9)^{1/2}\}$.

24.17: a) $y(0{,}5) = 1{,}069\,754$, $y(1) = 1{,}136\,253$. Die Korrektur hat keinen Einfluß auf die mitge-
führten Stellen.

b) $y(0{,}2) = 2{,}041\,585$, $y(0{,}4) = 2{,}193\,135 + \delta$ mit $\delta = -9{,}6 \cdot 10^{-5}$.

c) $y(-0{,}6) = 0{,}635\,615$, $y(-0{,}2) = 0{,}723\,444 + \delta$ mit $\delta = -1{,}9 \cdot 10^{-4}$.

d) $y(0{,}1) = 1{,}111\,463$, $y(0{,}2) = 1{,}253\,015 + \delta$ mit $\delta = 2 \cdot 10^{-6}$,
$y(0{,}3) = 1{,}439\,668$, $y(0{,}4) = 1{,}696\,101 + \delta$ mit $\delta = 9 \cdot 10^{-6}$.

e) $y(0{,}2) = 1{,}183\,229$, $y(0{,}4) = 1{,}341\,667 + \delta$ mit $\delta = -2{,}7 \cdot 10^{-5}$.

f) $y(2{,}2) = 0{,}210\,670$, $y(2{,}4) = 0{,}445\,442 + \delta$ mit $\delta = -3{,}3 \cdot 10^{-7}$,
$y(2{,}6) = 0{,}708\,803$, $y(2{,}8) = 1{,}006\,005 + \delta$ mit $\delta = 2{,}5 \cdot 10^{-6}$.

g) $\displaystyle\int_a^b f(x)\,dx = y(b) - y(a) = y(b)$. $x_\nu = a + \nu \cdot 2h$ $(\nu = 0, \ldots, n)$, $x_n = b$, y_ν ist Näherungswert für $y(x_\nu)$, speziell y_n für $y(b)$, $y_{\nu+1} = y_\nu + k$ mit $k = (1/6)(k_1 + 2k_2 + 2k_3 + k_4)$, wo-

bei $k_1 = 2hf(x_\nu)$, $k_2 = k_3 = 2hf(x_\nu + h)$, $k_4 = 2hf(x_\nu + 2h)$ ist. Folglich ist $y_1 = (h/3)\,\{f(a) + 4f(a + h) + f(a + 2h)\}$, $y_2 = y_1 + (h/3)\,\{f(a + 2h) + 4f(a + 3h) + f(a + 4h)\}$
$= (h/3)\,\{f(a) + 4f(a + h) + 2f(a + 2h) + 4f(a + 3h) + f(a + 4h)\}$, ... Ein Näherungswert
für $y(b)$ ist $(h/3) \sum_{\nu=0}^{2n} c_\nu f(a + \nu h)$ mit $c_0 = c_{2n} = 1$ und sonst $c_\nu = 4$, falls ν ungerade
$(\nu = 1, 3, ..., 2n - 1)$, $c_\nu = 2$, falls ν gerade $(\nu = 2, 4, ..., 2n - 2)$ ist (Simpson-Regel).

25.1: a) $y = x^3/3$.   b) $y = 1 + x - \cos(2x)$.

c) $y = \pm(1/6)x^3 - x^2 + C_1 x + C_2$.

d) $y = -(1/6)\ln|1 + x| + C_1 x^3 + C_2 x^2 + C_3 x + C_4$.

e) $y = -\ln(\cos x)$.

f) $w(x) = (48\,EJ)^{-1} q x^2 (2x^2 - 5lx + 3l^2)$, $w'(x) = 0 \Rightarrow (x/l)\,\{8(x/l)^2 - 15(x/l) + 6\} = 0 \Rightarrow x/l = 0$ (uninteressant) oder $x = (1/16)\,\{15 \pm \sqrt{33}\,\}l$ (Pluszeichen unbrauchbar). Maximum von $|w|$ wird an der Stelle $x = l \cdot 0{,}578\,464\,8...$ angenommen. Sein Wert ist gleich $1{,}012...$ cm.

g) $w(x) = (6EJ)^{-1} x^2 (3l - x)F$, größte Durchbiegung liegt an der Stelle $x = l$ vor. Ihr Wert ist gleich $20{,}769...$ cm.

h) $x(t) = x_s + (1/k)\ln\{\cos[(gk)^{1/2}(t - t_s)]\}$ $(0 \leqq t \leqq t_s)$,

$x(t) = x_s - (1/k)\ln(\cosh[(gk)^{1/2}(t - t_s)])$ $(t_s \leqq t < \infty)$,

$A = x_s + (1/k)\ln 2$, $B = -(g/k)^{1/2}$; (Bild 25.10).

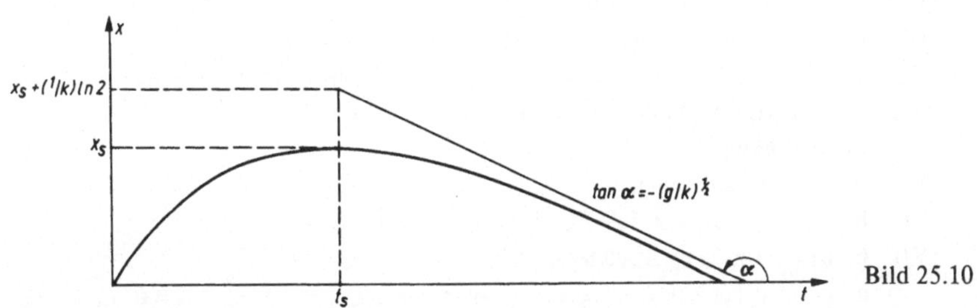

Bild 25.10

25.2: a) $y = [(3/2)x - (1/2)]^{4/3}$.   b) $x = -(t + 1)^{-1}$.

c) $y = -2\ln(1 + x)$.   d) $u = 4[(2/3)^{1/2}x - 2]^{-2}$.

e) $y = \tan x$.   f) $x = \exp\{(t + 1)^2\}$.

g) $t(x) = -(m/2k)^{1/2} \int_{x_0}^{x} \{-\ln(\bar{x}/x_0)\}^{-1/2}\,d\bar{x}$, $T = x_0\,\{(m\pi)/(2k)\}^{1/2}$.

h) $\dot{y}^2 = (c/2m)\varepsilon(a + y^2)(b - y^2)$, $a = \varepsilon^{-1} + W^{1/2}$,

$b = -\varepsilon^{-1} + W^{1/2} > 0$ mit $W = (2/\varepsilon)(m/c)v_0^2 + (y_0^2 + \varepsilon^{-1})^2$, $A = 2^{3/2}\varepsilon^{-1/2}(m/c)^{1/2}$.

25.3: a) $y = C_2 \exp(C_1 x)$.   b) $y = (C_1 x + C_2)^{-1}$.

c) $y = \tan\{(t/2) + (\pi/4)\}$.   d) $y = x - \ln(2 - e^x)$.

e) $y = \arcsin\{(1/2)\sqrt{2}\,e^x\}$.   f) $x = \exp(e^t)$.

g) $\mu(x) = \exp\{\pm(2k/m)x\}$ (oberes bzw. unteres Vorzeichen, falls $p > 0$ bzw. $p < 0$),

$p^2 = (2c/m)(m/2k)^2\{1 \mp (2k/m)x + C\exp[\mp(2k/m)x]\}$.

Zu Beginn (rechtsseitige Umgebung von $t = 0$) ist $\dot{x} = p < 0$ und damit

$p = -(2c/m)^{1/2}(m/2k)\{1 + (2k/m)x - [1 + (2k/m)x_0]\exp[(2k/m)(x - x_0)]\}^{1/2}$
mit $x_0 \geqq x \geqq x_1$, wobei x_1 die von x_0 verschiedene Nullstelle der letzten geschweiften Klammer ist.

$$t = t(x) = -(m/2c)^{1/2}(2k/m)\int\{1 + (2k/m)\tilde{x} - [1 + (2k/m)x_0]\exp[(2k/m)(\tilde{x} - x_0)]\}^{-1/2}\,d\tilde{x}$$

mit der unteren bzw. oberen Integrationsgrenze $\tilde{x} = x_0$ bzw. $\tilde{x} = x$ ($x_0 \geqq x \geqq x_1$).
Mit $t_1 = t(x_1)$ ist

$$t = t_1 + (m/2c)^{1/2}(2k/m)\int\{1 - (2k/m)\tilde{x} - [1 - (2k/m)x_1]\exp[-(2k/m)(\tilde{x} - x_1)]\}^{-1/2}\,d\tilde{x}$$

mit der unteren bzw. oberen Integrationsgrenze $\tilde{x} = x_1$ bzw. $\tilde{x} = x$, wobei $x_1 \leqq x \leqq x_2$ gilt
und x_2 die von x_1 verschiedene Nullstelle der letzten geschweiften Klammer ist. Mit
$t_2 = t(x_2)$ wird die Diskussion in analoger Weise fortgesetzt (Bild 25.11).

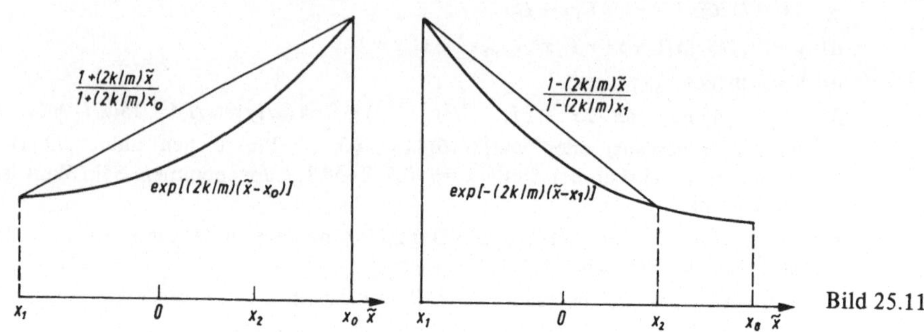

Bild 25.11

25.4:

I   a) $-\infty < x < +\infty$;   b) x^2;   c) $x^2y'' - 2xy' + 2y = 0$;   d) unabhängig.

II   b) 2;   c) $2y''' - 2y' = 0$.

III   b) 0;   c) $0 \cdot y''' = 0$;   d) $\cosh x + \sinh x - e^x = 0$.

IV   c) $-(1/2)(x^{1/2} + x^{-1/2})y'' + (1/4)(x^{-1/2} - x^{-3/2})y' - (1/4)x^{-3/2}y = 0$
      $-(1/4)x^{-3/2}\{2x(x + 1)y'' + (1 - x)y' + y\} = 0$;

     d) unabhängig.

V   b) 0;   d) abhängig.

VI   b) $-x^{-2}$;   c) $-x^{-2}y'' - 2x^{-3}y' - x^{-2}y = 0$.

VII   b) $0\,(x \neq 0)$;   c) $0 \cdot y'' = 0$;

     d) $c_1x + c_2|x| = 0$ $(-\infty < x < +\infty) \Rightarrow$ speziell $x = \pm 1$: $c_1 + c_2 = 0$ und $-c_1 + c_2 = 0$
     $\Rightarrow c_1 = c_2 = 0$, unabhängig.

VIII   b) 0;   c) $0 \cdot y'' = 0$;   d) unabhängig.

25.5: Es wird hier in den folgenden Fällen eine Lösung der zugehörigen charakteristischen Gleichung angegeben.

d) -1.   e) -1.   h) $2i$.   i) 1.   j) 2 und 3.

25.6:   a) $y = 3e^{-x}(1 + x)$.   b) $y = \sin(x/2)$.

     c) $z = 3e^{-2x}\sin(5x)$.   d) $y = 1 + x\exp[(-3/2)x]$.

     e) $y = -e^{-x} + (1 + x)e^{2x}$.

     f) $x = C_1e^{-t} + C_2e^{-9t}$, $C_1 = (9/4)\,\text{cm}$, $C_2 = -(1/4)\,\text{cm}$, $T = \ln 2\,250 = 7{,}718\ldots s$,
     ($\exp(-9t)$ hat keinen Einfluß auf die mitgeführte Dezimalstellenanzahl).

     g) $x = \exp[-(5/3)t]\{C_1\cos[(2/3)\sqrt{14}\,t] + C_2\sin[(2/3)\sqrt{14}\,t]\}$, $C_1 = 2\,\text{cm}$,
     $C_2 = (5/14^{1/2})\,\text{cm}$, $(C_1^2 + C_2^2)^{1/2} = (9/14^{1/2})\,\text{cm}$, $T = 4{,}671\ldots s$.

25.7:   a) $y = -(8/25) - (2/5)x + C_1e^x + C_2e^{-5x}$.

     b) $y = x^2 + C_1 + C_2e^x + C_3e^{-x}$.

     c) $y = (5/48)x^3 - (1/80)x^5 + C_1 + C_2x + C_3\cos(2x) + C_4\sin(2x)$.

     d) $y = 1 + t + e^t(C_1\cos t + C_2\sin t)$.

e) $y = (1/74)\{7\cos x + 5\sin x\} + C_1 e^x + C_2 e^{6x} + C_3$.

f) $y = -\sin x + (C_1 + C_2 x)e^{-x} + C_3$.

g) $y = C_1 \cos(3t) + (C_2 + (1/6)t)\sin(3t)$.

h) $r = -(1/8)\varphi^2 \cos\varphi + (C_1 + C_2\varphi)\cos\varphi + (C_3 + C_4\varphi)\sin\varphi$.

i) $y = -(1/100)x\{4\cos(2x) + 3\sin(2x)\} + (C_1 + C_2 x)e^{-x} + C_3\cos(2x) + C_4\sin(2x)$.

j) $y = (-1/2)e^{2t} - (2/5)te^{-2t} + C_1 e^{3t} + C_2 e^{-2t}$.

k) $y = -(1/6)x e^{2x}\cos(3x) + e^{2x}(C_1\cos(3x) + C_4\sin(3x))$.

l) $y = -(1/2) + (1/2)x e^{4x} + (x/2)(3x + 1)e^{-2x}$
$\qquad\qquad + (1/2)\{\cos(2x) - 3\sin(2x)\} + C_1 e^{4x} + C_2 e^{-2x}$.

m) $y = -\{(1/5)x^2 + (27/125)\}\cos x + (4/25)x\sin x + C_1 e^{2x} + C_2 e^{-2x}$.

n) $y = -(1/8)\cos x - (3/200)\cos(3x) - (1/50)\sin(3x) + (C_1 + C_2 x)e^{-x}$.

25.8:   a) $y = -80 + \{81 + (81/4)x\}\exp\{-(1/4)x\}$.   b) $y = x$.

c) $y = (3 - 6x)e^{3x} + 3e^{-2x} + 2e^{2x} - 3x^2 - x + 2$.

d) $y = (1/2)x^2 - 2x + \pi - (1/4) - (1/4)\cos(2x) - \sin(2x)$.

e) $\alpha)\ \ x = (F_0/k)\{1 - \cos[(k/m)^{1/2}t]\}$;

$\qquad \beta)\ \ x = (a/k)\{t - (m/k)^{1/2}\sin[(k/m)^{1/2}t]\}$;

$\qquad \gamma)\ \ x = F_0(k + m\alpha^2)^{-1}\{\exp(-\alpha t) - \cos[(k/m)^{1/2}t] + \alpha(m/k)^{1/2}\sin[(k/m)^{1/2}t]\}$.

f) $y = e^{-\delta t}\{C_1\cos(\omega_0 t) + C_2\sin(\omega_0 t)\} + A + B\cos(\omega t - \varphi)$
mit $\delta = k/(2m_1 + 2m_2) = 6{,}245\ \text{s}^{-1}$,

$\omega_0 = \{3EJl^{-3}(m_1 + m_2)^{-1} - (1/4)k^2(m_1 + m_2)^{-2}\}^{1/2} = 124{,}7437\ldots\ \text{s}^{-1}$,

$A = (m_1 + m_2)gc^{-1} = 0{,}6288\ldots\ \text{mm}$, $\omega = 2\pi \cdot 3600\ \text{min}^{-1} = 376{,}99911\ldots\ \text{s}^{-1}$,

$B = m_2 r\omega^2\left\{[c - (m_1 + m_2)\omega^2]^2 + k^2\omega^2\right\}^{-1/2} = 1{,}347\ldots\ \text{cm}$,

$\varphi = \operatorname{arccot}\{[c - (m_1 + m_2)\omega^2]/k\omega\} = \operatorname{arccot}\{-26{,}87036\ldots\} = 3{,}10439\ldots = 177{,}868\ldots^\circ$,

$C_1 = -A - B\cos\varphi = 1{,}283\ldots\ \text{cm}$,

$C_2 = \omega_0^{-1}\{\delta C_1 - \omega B\sin\varphi\} = -0{,}87155\ldots\ \text{mm}$.

g) Für $t = 0$ ist $m\ddot{x} = -cx_0$, also $\ddot{x} < 0$, d.h., $\dot{x}$ fällt, und damit ist $\dot{x} < 0$ in einer rechtsseitigen Umgebung von $t = 0$, dort gilt somit $m\ddot{x} + cx = R$, und damit ist $x = (R/c) + [x_0 - (R/c)]\cos(\omega t)$ mit $\omega = (c/m)^{1/2}$ für $0 \le t \le \pi/\omega$. Speziell ist $x_1 = x(\pi/\omega) = (2R/c) - x_0 < R/c$. Ist $|x_1| \le R/c$, so gilt $x \equiv x_1$ für $\pi/\omega \le t < +\infty$. Andernfalls ist $x_1 < -R/c$ und damit $m\ddot{x} = -cx_1 > 0$ für $t = \pi/\omega$. Hieraus folgt schließlich $x = -R/c - [(3R/c) - x_0]\cos(\omega t)$ für $\pi/\omega \le t \le 2\pi/\omega$. Mit $x_2 = x(2\pi/\omega)$ wird die Diskussion in analoger Weise fortgesetzt (Bild 25.12).

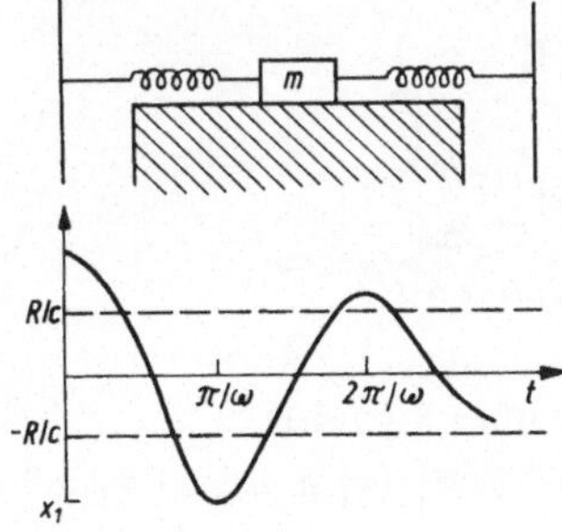

Bild 25.12

25.9: a) β) $y_p = B_0 x e^{-x}$;

δ) $y_p = 3 \operatorname{Re} Y_p$, $\quad Y_p = (B_0 + B_1 x) \exp(2\,\mathrm{i}\,x)$,

$Y_p^{(4)} - Y_p''' + 3Y_p'' + 5Y_p' = x \exp(2\,\mathrm{i}\,x)$;

ζ) $y_p = 4\operatorname{Im} Y_p - 3\operatorname{Re} Y_p$, $\quad Y_p = B_0 x \exp[(1 + 2\mathrm{i})x]$,

$Y_p^{(4)} - Y_p''' + 3Y_p'' + 5Y_p' = \exp[(1 + 2\mathrm{i})\,x]$;

η) $y_p = 4\operatorname{Re} Y_p$, $\quad Y_p = (B_0 + B_1 x) x \exp[(1 + 2\mathrm{i})x]$,

$Y_p^{(4)} - Y_p''' + 3Y_p'' + 5Y_p' = x \exp[(1 + 2\mathrm{i})x]$;

ϑ) $y_p = 2y_1 + (1/2)y_2 + (1/2)y_3$, $y_1 = B_0 x$, $\quad y_1^{(4)} + \ldots = 1$,

$y_2 = B_{02} e^x$, $\quad y_2^{(4)} + \ldots = e^x$, $\quad y_3 = B_{03} x e^{-x}$, $y_3^{(4)} + \ldots = e^{-x}$.

b) α) $y_p = 36 y_1 - y_2$, $\quad y_1 = B_{01} x$, $\quad y_1''' + \ldots = 1$,

$y_2 = (B_{02} + B_1 x) e^{3x}$, $\quad y_2''' + \ldots = x e^{3x}$;

β) $y_p = \operatorname{Re} Y_p$, $\quad Y_p = B_0 x \exp\{(-2 + 3\mathrm{i})x\}$,

$Y_p''' + \ldots = \exp\{(-2 + 3\mathrm{i})x\}$;

γ) $y_p = y_1 - y_2$, $\quad y_1 = \operatorname{Im} Y_1$, $\quad Y_1 = B_{01} \exp\{(2 + 3\mathrm{i})x\}$,

$Y_1''' + \ldots = \exp\{(2 + 3\mathrm{i})x\}$, $y_2 = \operatorname{Im} Y_2$,

$Y_2 = B_{02} x \exp\{(-2 + 3\mathrm{i})x\}$, $\quad Y_2''' + \ldots = \exp\{(-2 + 3\mathrm{i})x\}$.

25.10: a) $y = 2x + (C_1 + C_2 \ln x)x^2$. $\quad$ b) $y = x^3 + C_1 + (C_2 + C_3 \ln x)x^2$.

c) $y = 5 + \ln x + (1/7)x^2 + C_1 x + C_2 x^{1/4}$.

d) $y = (C_1 + C_2 \ln x)x^2 + x\{C_3 \cos(\ln x) + C_4 \sin(\ln x)\}$.

e) $y = (2/x) - (1/x^3)$. $\quad$ f) $y = x \ln x + (1/2)(3x + x^{-1})$.

g) $y = (C_1 + C_2 \ln t)t + \ln t + 2$.

25.11: a) $y = \{C_1 + C_2 x - (5/4)x^3 + (3/2)x^3 \ln x\}e^{2x}$.

b) $y = (C_1 + C_2 x + \ln|x|)e^{-x}$.

c) $y = C_1 \cos x + C_2 \sin x + 2(\cos x)\ln(\cos x) + 2x \sin x$.

d) $y = C_1 e^{-x} + C_2 e^{-2x} + (e^{-x} + e^{-2x})\ln(1 + e^x)$.

e) $y = \{[C_1 + (1/4)\ln|\cos(2x)|]\cos(2x) + [C_2 + (1/2)x]\sin(2x)\}e^x$.

f) $y = -x \cos x + C_1 x + C_2 x^2$. $\qquad$ g) $y = -x^{-1}\sin x + C_1 + C_2 x^{-1}$.

h) $y = x^{-1} + (C_1 + C_2 x)e^{3x}$. $\qquad$ i) $y = -x^{-2}\cos x + C_1 x^{-1} + C_2 x^{-2}$.

j) $x = \{(3/2)t^3 \ln t - (5/4)t^3 + C_1 + C_2 t\}e^{2t}$.

k) α) $x(t) = x_p(t) = u_1(t)\cos[(k/m)^{1/2}t] + u_2(t)\sin[(k/m)^{1/2}t]$;

$u_1(t) = (F_0/k)\{\cos[(k/m)^{1/2}t] - 1\}$ $\quad$ für $\quad 0 \leqq t \leqq T$,

$u_1(t) = (F_0/k)\{\cos[(k/m)^{1/2}T] - 1\}$ $\quad$ für $\quad t > T$,

$u_2(t) = (F_0/k)\sin[(k/m)^{1/2}t]$ $\quad$ für $\quad 0 \leqq t \leqq T$,

$u_2(t) = (F_0/k)\sin[(k/m)^{1/2}T]$ $\quad$ für $\quad t > T$,

$x(t) = (F_0/k)\{1 - \cos[(k/m)^{1/2}t]\}$ $\quad$ für $\quad 0 \leqq t < T$,

$x(t) = (AF_0/k)\cos[(k/m)^{1/2}t - \varphi]$ $\quad$ für $\quad t \geqq T$ $\quad$ mit

$A = \{2(1 - \cos[(k/m)^{1/2}T])\}^{1/2} = 2\sin[(k/m)^{1/2}(T/2)]$,

$\cos\varphi = A^{-1}(\cos[(k/m)^{1/2}T] - 1)$, $\quad \sin\varphi = \ldots$;

β) $x(t) = (F_0/kT)\{t - (m/k)^{1/2}\sin[(k/m)^{1/2}t]\}$ $\quad$ für $\quad 0 \leqq t \leqq T$,

$x(t) = (F_0/k) + (2F_0/kT)(m/k)^{1/2}\sin[(k/m)^{1/2}(T/2)]\cos[(k/m)^{1/2}t - \varphi]$ $\quad$ für $\quad t > T$;

γ) $x(t) = (F_0/kT)\{t - (m/k)^{1/2}\sin[(k/m)^{1/2}t]\}$ für $0 \leq t \leq T$,

$$x(t) = (F_0/kT)\{T^2 + (2m/k)(1 - \cos[(k/m)^{1/2}T]) - 2(m/k)^{1/2}T\sin[(k/m)^{1/2}T]\}^{1/2}$$
$$\cdot \cos[(k/m)^{1/2}t - \varphi] \quad \text{für} \quad t > T.$$

25.12: a) α) $y \equiv 0$; β) keine Lösung; γ) $y = C\sin(\pi x)$.

b) $w = a\{\cos[(F/EJ)^{1/2}l]\}^{-1}\{1 - \cos[(F/EJ)^{1/2}x]\}$, falls $F \neq EJ\{(\pi/2l) + (k\pi/l)\}^2$,

$(k = 0, 1, 2, \ldots)$ und $a \neq 0$; keine Lösung, falls $F = EJ\{(\pi/2l) + (k\pi/l)\}^2$ und $a \neq 0$. Im Fall $a = 0$ (mittiger Angriff von F) liegt Eigenwertaufgabe vor. Eigenwerte sind

$F = EJ\{(\pi/2l) + (k\pi/l)\}^2$ [für die Stabilitätstheorie ist nur der Fall $k = 0$ (Knicklast) brauchbar], zugehörige Eigenfunktionen sind $w_k(x) = C_k\{\cos[(2k + 1)\pi(x/2l)] - 1\}$.

c) $w = (l^4/\pi^2)\{(EJ\pi^2 - Fl^2)^{-1}q_1\sin(\pi x/l) + (1/4)(4EJ\pi^2 - Fl^2)^{-1}q_2\sin(2\pi x/l)\}$,

falls $F \neq EJk^2\pi^2/l^2$ $(k = 1, 2, \ldots)$ ist. In den Fällen „$F = EJ\pi^2/l^2$ mit $q_1 \neq 0$" und „$F = 4EJ\pi^2/l^2$ mit $q_2 \neq 0$" gibt es keine Lösung. In den restlichen Fällen liegen unendlich viele Lösungen vor.

d) Mit $\lambda = (\omega^2\mu/EJ)^{1/4}$ und $N = 4(1 + \cos(\lambda l)\cosh(\lambda l))$ ist

$y = C_1\cos(\lambda x) + C_2\sin(\lambda x) + C_3\exp(\lambda x) + C_4\exp(-\lambda x)$ mit

$NC_1 = 2a\{\cos(\lambda l) + \cosh(\lambda l)\}$, $NC_2 = 2a\{\sin(\lambda l) - \sinh(\lambda l)\}$,

$NC_3 = a\{\exp(-\lambda l) + \cos(\lambda l) + \sin(\lambda l)\}$,

$NC_4 = a\{\exp(\lambda l) + \cos(\lambda l) - \sin\lambda l\}$, falls $N \neq 0$.

Im Fall $N = 0$ gibt es keine Lösung (die Kreisfrequenz ω der Einspannschwingung ist gleich einer Eigenfrequenz des Balkens, also liegt Resonanz vor).

25.13: Es gilt stets $G(x, \bar{x}) = G(\bar{x}, x)$. Für $x \leq \bar{x}$ ist $G(x, \bar{x})$ gleich

a) α) $x[1 - (\bar{x}/l)]$; β) x.

b) α) $(1/6)x^2(3\bar{x} - x)$; β) $(1/6l)x(\bar{x} - l)(x^2 + \bar{x}^2 - 2l\bar{x})$.

c) α) $\arctan x$; β) $\arctan x\{1 - (\arctan l)^{-1}\arctan \bar{x}\}$.

d) $(1/2)\exp(x - \bar{x})$.   e) $-\ln \bar{x}$.

f) $\sin(ax)\sin[a(l - \bar{x})]a^{-1}[\sin(al)]^{-1}$.

25.14: a) α) $\cos[(F/EJ)^{1/2}l] = 0$, $F = EJ(\pi/2l)^2$, $w = C\sin(\pi x/2l)$;

β) $\sin[(F/EJ)^{1/2}l] = 0$, $F = EJ(\pi/l)^2$, $w = C\sin(\pi x/l)$.

b) α) $\sin[(\mu/EJ)^{1/4}\omega^{1/2}l] = 0$, $\omega = (EJ/\mu)^{1/2}l^{-2}\pi^2$, $y = C\sin(\pi x/l)$;

β) $\cosh[(\mu/EJ)^{1/4}\omega^{1/2}l] = -\{\cos[(\mu/EJ)^{1/4}\omega^{1/2}l]\}^{-1}$,

$\omega = (EJ/\mu)^{1/2}l^{-2}\cdot p^2$, $p = 1{,}875\,104\ldots$,

$y = C\{a\cos(px/l) + b\sin(px/l)$

$\quad - (1/2)(a + b)\exp(px/l) - (1/2)(a - b)\exp(px/l)$

mit $a = \sin p + \sinh p = 4{,}138\,13\ldots$;

$b = -(\cos p + \cosh p) = -3{,}037\,78\ldots$;

$-(1/2)(a + b) = -0{,}550\,1\ldots$, $-(1/2)(a - b) = -3{,}587\,9\ldots$;

γ) $\cosh[(\mu/EJ)^{1/4}\omega^{1/2}l] = \{\cos[(\mu/EJ)^{1/4}\omega^{1/2}l]\}^{-1}$,

$\omega = (EJ/\mu)^{1/2}l^{-2}\cdot p^2$, $4{,}730\,04 < p < 4{,}730\,05$,

$y = C\{a\cos(px/l) + b\sin(px/l)$

$\quad - (1/2)(a + b)\exp(px/l) - (1/2)(a - b)\exp(px/l)\}$

mit $a = \sin p - \sinh p$, $-57{,}646\,05 < a < -57{,}645\,4$;

$b = -(\cos p - \cosh p)$, $56{,}636\,8 < b < 56{,}637\,4$;

$0{,}504\,33 < -(1/2)(a + b) < 0{,}504\,34$; $57{,}141\,14 < -(1/2)(a - b) < 57{,}141\,71$;

δ) $\tanh\left[(\mu/EJ)^{1/4}\omega^{1/2}l\right] = \tan\left[(\mu/EJ)^{1/4}\omega^{1/2}l\right]$,

$\omega = (EJ/\mu)^{1/2}l^{-2}p^2$, $3{,}9266 < p < 5\pi/4 < 3{,}927$,

$y = C\{a\cos(px/l) + b\sin(px/l)$

$\quad -(1/2)(a+b)\exp(px/l) - (1/2)(a-b)\exp(px/l)\}$

$\quad$ mit $a = \sin p - \sinh p$, $-26{,}075 < a < -26{,}064$;

$\quad b = -(\cos p - \cosh p)$, $26{,}004 < b < 26{,}094$.

c) Mit $A = (2EJ)^{-1/2}\{F - (F^2 - 4EJc)^{1/2}\}^{1/2}$, $B = (2EJ)^{-1/2}\{F + (F^2 - 4EJc)^{1/2}\}^{1/2}$ lautet die Eigenwertgleichung $\sin(Al)\cdot\sin(Bl) = 0$, falls $A \neq B$. Hieraus folgen die Eigenwerte $F = EJk^2\pi^2l^{-2} + ck^{-2}\pi^{-2}l^2$ $(k = 1, 2, \ldots)$. Aus $(\mathrm{d}F/\mathrm{d}k) = 0$ folgt $k = l\pi^{-1}c^{1/4}(EJ)^{-1/4}$. Da diese Formel wegen $A \neq B$ keine ganze Zahl liefert (es wäre sonst $F = 2(EJc)^{1/2}$ und damit $A = B$), ist zu prüfen, welche der beiden zu $l\pi^{-1}c^{1/4}(EJ)^{-1/4}$ (im Zahlen-Bsp.: $10/\pi$) benachbarten ganzen Zahlen den kleineren Eigenwert liefert (im Bsp.: $k = 3$, $F = 201{,}4\ldots (EJ/l^2)$). Gilt für den Eigenwert $\sin(Al) = 0$ bzw. $\sin(Bl) = 0$, so lauten die zugehörigen Eigenfunktionen $C\sin(Ax)$ bzw. $C\sin(Bx)$. Im Fall $A = B$, d.h. $F = 2(EJc)^{1/2}$, wird nur dann ein Eigenwert geliefert – er ist dann der kleinste –, wenn $l\pi^{-1}c^{1/4}(EJ)^{-1/4}$ eine ganze Zahl k ist, die zugehörigen Eigenfunktionen lauten dann $C\sin\left[k\pi(x/l)\right]$.

25.15: a) $y = 1 + x^2 + (1/4)x^4 + (1/20)x^6 + (1/160)x^8 + \ldots$

b) $w = C\{x - (\gamma/EJ)(4!)^{-1}x^4 + (\gamma/EJ)^2 4(7!)^{-1}x^7 + \ldots\}$;

$0 = w'(l) = C\{1 - (\gamma/EJ)(3!)^{-1}l^3 + (\gamma/EJ)^2 4(6!)^{-1}l^6 + \ldots\}$,

$l = (EJ/\gamma)^{1/3}\{15 - (45)^{1/2}\}^{1/3} = 2{,}024\ldots(EJ/\gamma)^{1/3}$.

c) $x = x_0 - (1/2)k(mx_0)^{-1}t^2 - (1/24)k^2m^{-2}x_0^{-3}t^4 + \ldots$, $x(T) = 0$,

$T = x_0(m/k)^{1/2}\cdot\{-6 + 2\cdot 15^{1/2}\}^{1/2} = 1{,}321\ldots x_0(m/k)^{1/2}$, $(\pi/2)^{1/2} = 1{,}253\ldots$

d) $\exp(x^2/2)$.

26.1: a) $x = 4C_1\exp(4t) - 2C_2\exp(-10t)$,

$y = C_1\exp(4t) + 3C_2\exp(-10t)$.

b) $x = e^t\{C_1\cos(3t) + C_2\sin(3t)\}$,

$y = e^t\{[2C_1 + C_2]\cos(3t) + [-C_1 + 2C_2]\sin(3t)\}$.

c) $x = -C_2e^{2t}$, $y = C_1e^t - 2(C_2t + C_3)e^{2t}$, $z = (C_2t + C_3)e^{2t}$.

d) $y_1 = (-5^{1/2}C_1 + 2C_2)\cos x + (-2C_1 - 5^{1/2}C_2)\sin x - 3C_3\cos(2x) - 3C_4\sin(2x)$,

$y_2 = C_1\cos x + C_2\sin x + (5^{1/2}C_3 + 4C_4)\cos(2x) + (-4C_3 + 5^{1/2}C_4)\sin(2x)$.

e) $-\tilde{\lambda}M^{-1}\tilde{d} = A\tilde{d}$ mit $A = (a_{kl})$, $a_{kl} = a_{lk}$, $a_{11} = 9$, $a_{21} = 11$, $a_{22} = 16$, $a_{31} = 7$, $a_{32} = 11$, $a_{33} = 9$.

$\tilde{\lambda}^3 + 516\tilde{\lambda}^2 + 12\,860\tilde{\lambda} + 58\,800 = 0$, $\tilde{\lambda}_1 = -6$, $\tilde{\lambda}_2 = -20$, $\tilde{\lambda}_3 = -490$.

$y_1(t) = (1/10)\{C_1\cos(\omega_1 t) + C_2\sin(\omega_1 t) + C_3\cos(\omega_2 t)$

$\qquad + C_4\sin(\omega_2 t) + C_5\cos(\omega_3 t) + C_6\sin(\omega_3 t)\}$,

$y_2(t) = -(1/15)\{C_1\cos(\omega_1 t) + C_2\sin(\omega_1 t)\} + (1/7)\{C_5\cos(\omega_3 t)$

$\qquad + C_6\sin(\omega_3 t)\}$,

$y_3(t) = (1/10)\{C_1\cos(\omega_1 t) + C_2\sin(\omega_1 t) - C_3\cos(\omega_2 t)$

$\qquad - C_4\sin(\omega_2 t) + C_5\cos(\omega_3 t) + C_6\sin(\omega_3 t)\}$,

wobei $\omega_1 = (EJ)^{1/2}l^{-3/2}768^{1/2}(6\ \mathrm{kg})^{-1/2} = 550{,}82\ldots\ \mathrm{s}^{-1}$,

$\omega_2 = 301{,}69\ldots\ \mathrm{s}^{-1}$, $\omega_3 = 60{,}95\ldots\ \mathrm{s}^{-1}$ (Bild 26.3).

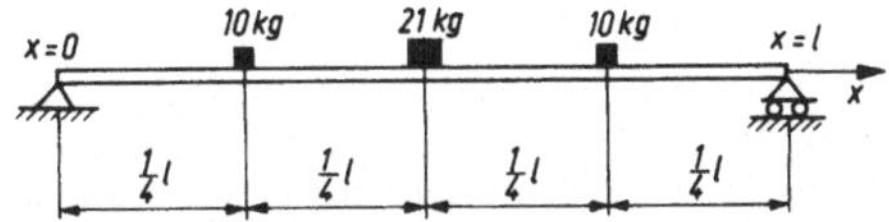

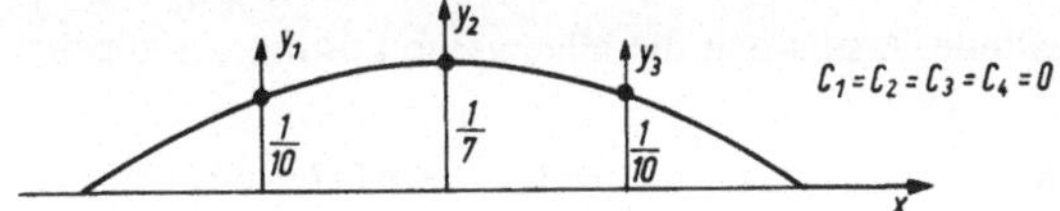

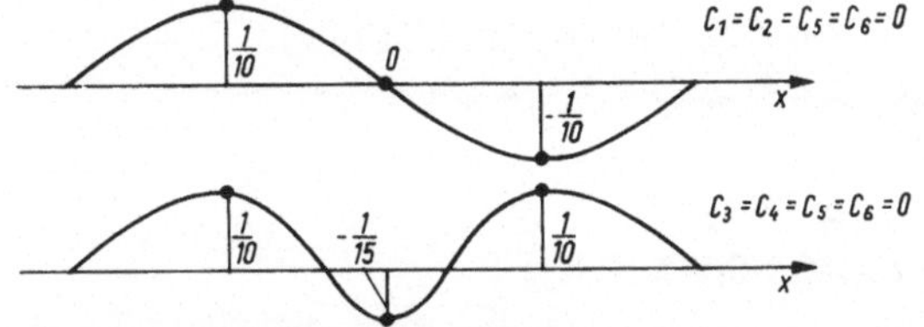

Bild 26.3

26.2:

a) $y_1 = -(1/8) + C_2 \exp(4x)$, $\quad y_2 = -(7/8) + C_1 e^x - C_2 \exp(4x)$.

b) $x = C_1 e^t + C_2 e^{-t} + (1/2)t(e^t - e^{-t})$,

$y = C_1 e^t - C_2 e^{-t} + (1/2)t(e^t + e^{-t}) + (1/2)(e^t - e^{-t})$.

c) $y_1 = -6C_1\{\cos x + \sin x\} + 6C_2\{\cos x - \sin x\}$

$\qquad - (3/5)\sin(2x) + (6/5)\cos(2x) + 3(1 + x)e^{-x}$,

$y_2 = 10C_1 \cos x + 10C_2 \sin x + \sin(2x) - (5/2)e^{-x}$.

d) Die allgemeine Lösung des zugehörigen homogenen Systems strebt für $t \to \infty$ nach 0, weil die Realteile der Lösungen λ der charakteristischen Gleichung kleiner als 0 sind.

$I_1 = (a/R_2)(L_2/L_1)\sin(\omega t) - a(L_1\omega)^{-1}\cos(\omega t)$,

$I_2 = -(a/R_2)(L_2/L_1)^{1/2}\sin(\omega t)$,

$U_2 = -a(L_2/L_1)^{1/2}\sin(\omega t)$;

(durch den Transformator Spannungserhöhung bzw. -erniedrigung für $L_2 > L_1$ bzw. $L_2 < L_1$).

e) $x = 2\begin{pmatrix} 1 \\ -1 \end{pmatrix} e^{4t} - 3\begin{pmatrix} 1 \\ 1 \end{pmatrix} e^{2t} + \begin{pmatrix} -3 + 8\exp(3t) \\ -1 \end{pmatrix}$.

f) $x = C_1 + C_2 t + C_3 t^2 + e^t + e^{-t}$, $y = C_4 - (C_1 + 2C_3)t - (1/2)C_2 t^2 - (1/3)C_3 t^3 - e^t + 2e^{-t}$.

26.3:

a) $x = -(5/4) + (13/4)\cos(2t) - 3\sin(2t)$,

$y = (3/2)t + (13/4)\sin(2t) + 3\cos(2t)$.

b) $x = -22 + 12t + (C_1 + C_2 t)e^{-t}$,

$y = 17 - 7t + (-C_1 + (1/2)C_2 - C_2 t)e^{-t}$.

c) $y_1 = C_1 + \exp(3x)\{C_2 \cos(3^{1/2}x) + C_3 \sin(3^{1/2}x)\}$,

$y_2 = -C_1 + \exp(3x)\{(1/2)[C_2 - 3^{1/2}C_3]\cos(3^{1/2}x) + (1/2)[C_3 + 3^{1/2}C_2]\sin(3^{1/2}x)\}$,

$y_3 = -C_1 + \exp(3x)\{(1/2)[C_2 + 3^{1/2}C_3]\cos(3^{1/2}x) + (1/2)[C_3 - 3^{1/2}C_2]\sin(3^{1/2}x)\}$.

d) $\dot{x}_1 = x_3$, $x_3^{(4)} - 2\ddot{x}_3 + x_3 = 17$,

$x_1 = (C_1 - C_2 + C_2 t)e^t + (-C_3 - C_4 - C_4 t)e^{-t} + 17t + 2$,

$x_2 = [(-1/2)C_1 + C_2 - (1/2)C_2 t]e^t + [(1/2)C_3 + C_4 + (1/2)C_4 t]e^{-t} - 12t - 2$.

e) $x = 3 + C_1 \sin t - C_2 \cos t + (1/2)C_3 \sin(2t) - (1/2)C_4 \cos(2t)$,

$y = 7 - 5C_1 \cos t - 5C_2 \sin t - 2C_3 \cos(2t) - 2C_4 \sin(2t)$.

f) $L^2 I_2^{(3)} + LR\ddot{I}_2 + (2L/C)\dot{I}_2 + (R/C)I_2 = (a/C)\sin(\omega t)$,

$L^2\lambda^3 + LR\lambda^2 + (2L/C)\lambda + (R/C) = 0$. Da alle Koeffizienten positiv sind, die linke Seite der letzten Gleichung für $\lambda = 0$ den Wert $(R/C) > 0$ und für $\lambda = -R/L$ den Wert $-(R/C) < 0$ liefert, gibt es keine Lösung $\lambda > 0$ und mindestens eine Lösung $\lambda = \lambda_1$ mit $-(R/L) < \lambda_1 < 0$. Die beiden weiteren Lösungen lauten

$$\lambda_{2,3} = -(1/2)\left\{(R/L) + \lambda_1)\right\} \pm \left\{(1/4)\left[(R/L) + \lambda_1\right]^2 - \left[2(CL)^{-1} + (R/L)\lambda_1 + \lambda_1^2\right]\right\}^{1/2} \quad \text{und}$$

haben daher negative Realteile. Also strebt die allgemeine Lösung des zugehörigen homogenen Systems für $t \to \infty$ nach 0.

$$I_2(t) = (a/C)\left\{\left[(R/C) - LR\omega^2\right]^2 + \omega^2\left[(2L/C) - L^2\omega^2\right]^2\right\}^{-1/2}\sin(\omega t - \varphi), \quad \varphi = \dots$$

$I_1(t)$ ergibt sich mit dem bekannten $I_2(t)$ z. B. aus der zweiten gegebenen Dgl. Wenn ω klein, dann $U_2 \approx a\sin(\omega t - \varphi)$ [Durchlaß].

Wenn ω groß, dann $U_2 \approx a(R/C)L^{-2}\omega^{-3}\sin(\omega t - \varphi)$ [Sperrung].

g) $z = -(C_1 x + C_2)^{-1}$, $y = 2C_1(C_1 x + C_2)^{-2}$.

h) $z = C_1 x + C_2 x^{-1}$; $y = -C_1 x + C_2 x^{-1}$.

i) $z = -(1/20)x + (2/15)x^2 + C_1 x^{-3} + C_2 x^{-4}$;

$y = (3/10)x + (1/15)x^2 - 2C_1 x^{-3} - C_2 x^{-4}$.

Teubner Lehrbücher: einfach clever

Brauch/Dreyer/Haacke

Mathematik für Ingenieure

10., durchges. Aufl. 2003. 752 S. mit 450 Abb., 419 Beisp. u. 312 Aufg., z.T. m. Lös. Br. ca. € 39,90
ISBN 3-519-56500-5

Inhalt: Grundlagen - Abbildungen - Funktionen - Spezielle Funktionen - Lineare Algebra - Differentialrechnung - Integralrechnung - Reihen - Differentialgeometrie - Funktion mehrerer Variablen - Vektoranalysis - Komplexe Zahlen und Funktionen - Gewöhnliche Differentialgleichungen - Laplace-Transformation - Statistik

Dobrinski/Krakau/Vogel

Physik für Ingenieure

10., überarb. Aufl. 2003. ca. XIV, 743 S. mit 550 Abb. u. 47 Tab. Geb. ca. € 39,90
ISBN 3-519-46501-9

Inhalt: Mechanik - Wärmelehre - Elektrizität und Magnetismus - Strahlenoptik - Schwingungs- und Wellenlehre - Atomphysik - Festkörperphysik - Relativitätstheorie

Neben den klassischen Gebieten der Physik werden auch moderne Themen wie Laser, Quanten-Hall-Effekte und die Josephson-Effekte, die als Teil der Quantentechnik in der Anwendung immer wichtiger werden, ausführlich dargestellt.

B. G. Teubner
Abraham-Lincoln-Straße 46
65189 Wiesbaden
Fax 0611.7878-400
www.teubner.de

Teubner

Stand 1.7.2003. Änderungen vorbehalten.
Erhältlich im Buchhandel oder im Verlag.

Teubner Lehrbücher: einfach clever

von Finckenstein/Lehn/
Schellhaas/Wegmann

**Arbeitsbuch
Mathematik
für Ingenieure**
Band I: Analysis

2., durchges. u. erw. Aufl. 2002. 437 S.
Br. € 26,90
ISBN 3-519-12966-3

Das Arbeitsbuch Mathematik für Ingenieure richtet sich an Studierende der ingenieurwissenschaftlichen Fachrichtungen an Technischen Universitäten. Der erste Band behandelt die Differential- und Integralrechnung einer und mehrerer reeller Veränderlicher. Das Konzept des Arbeitsbuches ist so gestaltet, dass zunächst die Fakten (Definitionen, Sätze usw.) dargestellt werden. Durch zahlreiche Bemerkungen und Ergänzungen werden die Fakten jeweils aufbereitet, erläutert und ergänzt. Das Verständnis wird gefördert durch eine große Zahl von

von Finckenstein/Lehn/
Schellhaas/Wegmann

**Arbeitsbuch
Mathematik
für Ingenieure**
Band II:
Differentialgleichungen,
Funktionentheorie, Numerik,
Statistik

2002. V, 498 S. Br. € 34,90
ISBN 3-519-02972-3

Der zweite Band behandelt die Themen Differentialgleichung, Funktionentheorie, Numerik und Statistik.

Stand 1.7.2003. Änderungen vorbehalten.
Erhältlich im Buchhandel oder im Verlag.

B. G. Teubner
Abraham-Lincoln-Straße 46
65189 Wiesbaden
Fax 0611.7878-400
www.teubner.de

Teubner